WHAT DOES IT

FEEL LIKE TO DIE?

让生命
温暖谢幕

Jennie Dear

— 著 —

牟文婷

— 译 —

 世界图书出版公司

西安 · 北京 · 广州 · 上海

图书在版编目（CIP）数据

让生命温暖谢幕 /（美）珍妮·迪尔（Jennie Dear）著；牟文婷译 . — 西安：世界图书出版西安有限公司，2021.11（2023.5 重印）

书名原文：What Does It Feel Like to Die?: Inspiring New Insights into the Experience of Dying
ISBN 978-7-5192-8838-9

Ⅰ.①让… Ⅱ.①珍…②牟… Ⅲ.①人生哲学—通俗读物 Ⅳ.① B821-49

中国版本图书馆 CIP 数据核字（2021）第 229819 号

书　　名	让生命温暖谢幕	
	RANG SHENGMING WENNUAN XIEMU	
著　　者	［美］珍妮·迪尔	
译　　者	牟文婷	
责任编辑	问琪琪	
特约编辑	李　彤	
封面设计	阿　龙	
出版发行	世界图书出版西安有限公司	
地　　址	西安市雁塔区曲江新区汇新路 355 号	
邮　　编	710061	
电　　话	029-87214941　029-87233647（市场营销部）　029-87234767（总编室）	
网　　址	http://www.wpcxa.com	
邮　　箱	xast@wpcxa.com	
销　　售	新华书店	
印　　刷	唐山富达印务有限公司	
开　　本	880mm×1230mm　1/32	
印　　张	9	
字　　数	180 千字	
版次印次	2021 年 11 月第 1 版　2023 年 5 月第 2 次印刷	
版权登记	25-2021-163	
国际书号	ISBN 978-7-5192-8838-9	
定　　价	49.00 元	

■ 为了纪念亲爱的玛莎·伊丽莎白·坎农，她聪明、体贴、讨人喜欢，并且非常注重个人隐私。我希望她能原谅我公开写下她的离世过程。

■ 为了纪念那些与我交谈过的医生、护士、临终关怀工作人员和其他医疗专业人士，你们能接受采访让我感到惊讶。感谢你们为患者付出了那么多的心血，还愿意为我、为这本书抽出那么多的时间。

■ 为了纪念我所认识的临终患者，无论是他们的耐心还是不耐烦，无论是他们的爱还是孤独，无论是他们的悲伤还是喜悦，我都想在书中毫无保留地呈现。他们现在所面对的事情，在未来的某一天我们每个人都会面对。

■ 作者手记

任何一位病床上的临终患者都有自己的故事：有些是辛酸的，有些是有趣的，有些是令人愤怒的，但很多都是迷人的。本书引用了大量临终患者的原话。为了保护患者及其家属的隐私，我改变了他们的身份信息，用不同的名字或缩写来指代。

引 言

在我母亲重病之际，临终关怀护士用温柔而又坦率的语气向我们描述着自己的工作。她突然顿了一下，接着问道："你想知道当你的身体开始停止运转时会发生什么吗？"

然而，此时我母亲的身体依然看似正常，她意识清晰，丝毫没有濒死的迹象，但临终关怀护士却想立刻为我们描述她的死亡过程。这让我们感到一阵悸动，不祥的预感袭上心头。与此同时，我和母亲却也有一种解脱感，那是一种令人着迷的感觉。于是我们想让护士描述一下。

我的母亲接受了 6 年半的治疗，在此期间给她看过病的医生包括 2 位全科医生、6 位肿瘤专家、1 位心脏病专家、2 家化疗机构的多位放疗技术人员和护士，以及 3 家诊所的外科医生。据我所知，还没有人和她讨论死亡时会发生什么。

从临终关怀护士和我母亲对话的那一刻起，我开始着手写这本书，尽管当时我还是一位英语和新闻学副教授，尚未对此进行专门的研究。在此期间我成了一位临终关怀志愿者，我也想知道，我所探访过的患者都经历了些什么。有些患者在临终前的几个小时里会变得呼吸异常，我想知道他们究竟有多么痛苦，抑或他们是否有可能根本不痛苦。为什么会有人如此坚决地逃避自己即将离世的现实呢？作为临终患者，他们怎么就不清楚死亡的含义呢？令我特别好奇的是，当临终患者不再对家人做出回应时，他们的思想去了哪里。对此，我既担心又敬畏：他们是不是在与内心深处的情感或身体上的折磨做斗争呢？是不是已经开启了一段重要的精神之旅呢？

我在着手调查的时候惊讶地发现，原来与死亡相关的研究竟然有这么多：关于痛苦和折磨的研究，关于如何应对死亡的研究，关于死亡时的精神体验和肉体体验的研究。姑息治疗专家、临终关怀医生和护士——任何与临终患者交流过的人——都会思考这些问题。他们有丰富的临床经验和扎实的专业基础，能够从科学的角度来研究这些问题，并将自己的科研成果撰写成学术论文和书籍。而且大多数人都愿意从百忙之中抽出时间来回答这些问题，希望能够借此机会将更多有意义的信息传递给公众。

与此同时，亲朋好友也会问我在干什么。当我告诉他们我在写一本关于死亡的书时，很多人都会这么说："噢，美国人从不认真对待死亡。其实，我们生活在一个否认死亡的文化里——没有人会谈论死亡。"

我不知道该怎样对待这些评论。在我看来，生活中到处都有与死亡相关的话题，如阿图·葛文德的著作《最好的告别》、保罗·卡拉尼什的著作《当呼吸化为空气》、皮克斯的电影《寻梦环游记》，以及美国开办的数百家旨在讨论生死奥义的死亡咖啡馆。

美国科罗拉多州杜兰戈市仁爱临终关怀中心的临床主任米歇尔·阿彭策勒认为，当今社会对死亡话题的认可度令她感到滑稽。当她于1986年首次开展临终关怀工作时，这一话题简直就是个禁忌。她说："这也太奇怪、太有趣了。人们想在死亡咖啡馆里讨论死亡——这让死亡变得又酷又迷人。"但是，直到那次我和母亲与临终关怀护士进行了一番对话，我们才知道了一些重要的细节。此外，阿彭策勒还表示，人们能够讨论这些问题并不意味着人们能够平静地面对死亡，"当你谈论临终关怀时，即使你活到了100岁，你的家人也会感到震惊，他们会突然意识到自己的亲人快死了"。

其实，我们在日常生活中经常会提到死亡，但这并不意味着我们能够直面自己的死亡，抑或掌握了很多与死亡相关的信息。现在，大多数美国人不会像我们的祖先那样经常面对死亡；医学的快速发展使我们相信它可以解决任何问题。很多人甚至都不知道死亡到底是什么样的。玛丽安·格兰特是临终关怀和姑息治疗执业护士，也是高级护理联盟（C-TAC）的高级顾问。她说："不妨想想电视剧或电影里的常见情节，那些角色在临死之前仍然思路清晰，说话富有条理，当交代完一切后，他们的头歪向一边，然后……他们就死了。"

但这并不能反映现实。格兰特说："真实的情况并非如此。百余年前，人们会在家里去世。例如，孕妇死于难产，家里的孩子不幸身亡。你在长大成人的过程中必不可少地会经历周围人的死亡，他们可能是你熟悉的人、你的邻居或者你所在社区的某个人。然而，现在你可能活到了六七十岁也没见到过死亡的情景。你从电视上看到的那些情节都是虚构的。"

"现实生活并非如此。"

90%以上的美国人都会像我的母亲那样离世，他们将在得知自己身患绝症的情况下活上几周、几个月甚至几年。但是，大多数人都不知道这段时间里会发生什么。虽然有学者对临终患者的经历、症状和情绪状态进行了研究，但是，直到确诊的那一刻，我们才会突然意识到自己真的要面临死亡了，这简直是"一记生存的耳光"。大多数人并不知道濒死之人所受的折磨，自然也不知道救助他们的最好方法。尽管人们对那些与死亡相关的知识越来越感兴趣，但这些知识仍未得到广泛的传播。

本书不可能涉及所有与死亡相关的知识和相应的处理措施，讨论的重点是患者在离世前的几个月里所要面对的问题。我在写作的同时还阅读了医生、护士、心理学家和其他专家的研究成果，观看了他们的采访录像，并融入了多年来我做临终关怀志愿者的感悟。我很诚实，甚至有些直言不讳，因为这些都是我和母亲在她弥留之际希望听到的坦言。同时，我也试图给临终患者及其亲朋好友传达一些与死亡相关的美好和快乐——这会给他们带来积极的影响。

我最好的朋友在罹患败血型鼠疫时曾说，她怀疑自己是否已经死了（其实，她真的快死了，不过最后又恢复了健康）。但她又觉得自己没死，因为她没看见夜骐。

当然，夜骐是 J. K. 罗琳虚构出来的生物。它是一匹骨瘦如柴、头像龙、长着巨型蝙蝠翅膀的黑色飞马。后来，直到我的朋友病情好转，她才发现了自己的错误：在罗琳的《哈利·波特》系列小说里，只有那些目睹过别人死亡的人才能看到夜骐，与你自己的死亡无关。

在我的表兄离世后，他的女儿告诉我，她从现在开始欣赏夜骐了。这种虚构的生物是一个恰当的比喻，象征着她现在能够以不同的方式来看待世界。而且，她猜测罗琳肯定也经历过亲人离世的悲痛。罗琳的确经历过——她的母亲 45 岁就去世了，那时她刚刚开始写书。

虽然小说里能看到夜骐的虚构人物都因见过死亡而感到悲伤，但他们却睁开了双眼。

目 录

1

绝症诊断：

一记生存的耳光

如果我们相信死亡只会降临到别人身上，那么当那一天真正到来的时候，我们只会措手不及。

——埃弗里·韦斯曼

我的母亲死于转移性乳腺癌，但我并不知道她是什么时候知道自己得了这种病的。据我猜测，我的父母在知道诊断结果后冷静了一天，才给我们兄弟姐妹几个打了电话。他们最先联系的人是我。

我的父亲平时并不是一个非常沉着冷静的人，但他当时却很镇静地说了一段话，大概意思是"你的母亲得了乳腺癌"。

他说完以后，电话里顿了一下，我听到了一种难以形容的声音——它既不是啜泣，也不是呐喊，而是像野兽受伤时所发出的呜咽声。这种声音太不寻常了，到现在我都不清楚它是由我的父亲还是母亲发出的。

我想，那就是我的父母面对"一记生存的耳光"的时刻。直到那一刻，他们才会从内心深处真正明白，死亡近在咫尺。

尼萨·科伊尔是姑息治疗的先驱。为了描述她在罹患绝症之人身上的所见所闻，她创造了"姑息治疗"这一术语。当科伊尔还是一名护士时，她就注意到患者坚信自己不会被疾病打倒的求生欲有多么强烈。她还发现，当患者的身体日渐衰弱时，他们会重新定义自己生命中最重要的东西和心底的希望。随着时间的推移，这些希望会发生改变。她说："当你真正意识到自己根本无法战胜死神，马上就要离开这个世界时——这对很多人来说（包括我在内）都很突然——才会突然意识到这一切都是真的。"

早在 20 世纪 90 年代初，斯蒂芬就被诊断出患有前列腺癌。因为肿瘤很小，并且可以控制，所以他没做手术，也没接受放疗（那时的放疗技术相对比较落后，准确度不高）。相反，他和妻子选择前往纽约、圣迭戈、洛杉矶和斯科茨代尔，接受顶尖的前列腺专家和自然疗法专家的治疗。多年来，他的病情都很稳定，但现在癌症开始扩散。2013 年，斯蒂芬的兄弟和儿子在一周之内相继去世，而他自己的身体也出现了严重的问题。他的妻子简说："我想那可能是他第一次直面自己的死亡，但我并不确定。"斯蒂芬开始采用一些激进的疗法，比如放疗、服用加利福尼亚的医生开出的昂贵药物，以及洛杉矶的医生给出的手术方案。随着时间的推移，他的病情不断恶化，但他试图通过治疗缓解病情。

2015 年，这对夫妇去了医生办公室，在那里得到了一个令他们终生难忘的诊断。一位胃肠科医生让斯蒂芬躺在检查台上，并告诉他："我认为你的肝脏中有一个肿瘤。"简回忆道："我还记得斯蒂芬的表情。他坐在那里呆呆地看着我，我也看着他。他看起来很迷茫、很脆弱，就像一只待宰的羔羊。我以前从未在他的脸上见过这种表情，虽然我们只是盯着对方，但我却永远记住了那一刻。"

大多数人都知道我们总有一天会离开这个世界，但并没有真正地相信这个事实。癌症研究人员兼护士弗吉尼亚·李说："至少在西方文化中，我们认为自己能获得永生。但从理智层面上来讲，我们知道自己既不是超人，也不会永生。当我们还是孩子的时候，看到宠物或植物的死亡，就学会了这一点，但这仅仅是在理智层面上。"李的患者常常告诉她，他们知道人终究会死，但在拿到自己的诊断报告之前，总觉得死亡只会发生在别人身上。科伊尔写道："只有当一个人在现实中直面自己的死亡时，他才会产生被打了一记生存的耳光的感觉。对于大多数人来说，这种意识会引发一场危机。"

研究人员给这场危机起了许多名字，比如生存危机、生存拐点、对死亡的认知危机或者自我镇定。他们认为，大多数绝症患者都有过类似的经历，这种经历与文化无关——不同国家、不同民族的人都提到过它，而美国等发达国家的患者更容易受其影响，因为他们接触死亡的机会相对较少。这场危机仿佛裹挟着势不可当的可怕力量席卷而来。对于我的母亲而言，当医生宣布诊断结果的时候，一记生存的耳光打在了她脸上。

李说："我听癌症患者讲过，一旦医生或肿瘤专家宣布你得了癌症，你的生活就会发生翻天覆地的变化。"医生通常会关注你的身体状况：你得了不治之症，心肺衰竭。然而，心理层面上的打击对你来说才是最直接的。加里·罗丁是一名姑息治疗专家，接受过内科和精神科的专业培训，他认为这是一种"首次创伤"——疾病在心理和社会方面产生的影响。

科伊尔表示，你也可能在其他情境下直面自己的死亡，并深受刺激，比如，当你照镜子的时候突然发现自己怎么这么瘦，或者突然发现自己的衣服变得不合身。你也许会透过别人看你的眼神注意到自己的变化。"不一定非得通过语言，"科伊尔说，"你的身体会告诉你，你的灵魂会告诉你，别人的眼神也会告诉你。"

死亡为什么是一场危机？

人们在日常生活中都很脆弱，但大多数人都知道该如何处理这种脆弱。不过，当人们患病后，心理承受能力会受到疾病的影响——病情越重，患者的内心就越波动，心理承受能力也就越差。曼塞尔·帕蒂森是早期研究濒死之人的情感和反应的精神病学家，他在《死亡体验》一书中解释了为什么人们对自己的看法会发生根本性转变：

我们希望能够规划好自己的人生旅途，安排好自己的生活。然而，当我们面对一场突如其来的生存危机时，无论是疾病还是意外，它都会改变我们的人生轨迹。

我们相信自己能够平安地度过每一天，能够拥有美好的未来。因此，我们对生活抱有期许和预设，进而规划自己的人生轨迹。李认为，预期对于健康的心理来说至关重要，但它往往基于一些幻想，主要包括："太过于相信自己，对明天的期望过高，相信好人应该有好报，认为自己能够提前规划未来，感到未来充满了光明。"大多数人在正常情况下都不会考虑这些幻想的合理性，直到发生一些令人不安的事情（比如被诊断出癌症）。当人们知道自己身患绝症后，这些幻想就会破灭。李说："当癌症来袭时，那些曾经给人们带来稳定感、熟悉感和安全感的信念就会遭到质疑。"

死亡是什么感觉？

2011 年，丹麦进行了一项小型研究。当 5 位无法治愈的食管癌患者得知自己的确诊结果后，他们的生活似乎失去了控制。

他们想知道为什么自己会得这种病。他们会问许多问题："为什么是我？""为什么是现在？""接下来会发生什么？""我会死吗？"一些人在经历了绝望和无助后，感到自己的世界已经坍塌了。他们对未来忧心忡忡，沉浸在自己的悲伤中无法自拔。一位患者说："我什么都不在乎。"另一位患者说："我几乎要放弃了，我觉得自己陷入了绝望的深渊。哪怕是最简单的工作，都让我感到力不从心。我无法掌控未来。"

李发现，有些患者说他们会感到沮丧、绝望和愤怒，甚至会同时感到这三种情绪。他们非常悲伤，觉得自己丧失了存在的意义。因为治疗和疾病会影响生活的方方面面，所以患者会质疑自己的整个信仰体系。

在这场危机中，患者面临着身份及生存意义丧失的问题，会变得极度焦虑。因此，当人们面对绝症诊断时，第一反应可能是绝望、愤怒、否定或抑郁。

研究人员表示，生存危机是所有患者都要经历的一个阶段。不过，他们不可能长期处于极度焦虑的状态，患者的焦虑在达到顶峰后就会慢慢消退。20 世纪 70 年代，哈佛大学的研究人员埃弗里·韦斯曼和威廉·沃登针对生存危机做了一项基础性研究，他们在几个月的时间里对新确诊的癌症患者进行了多次采访。研究人员发现，患者的情绪和他们对周围人和世界的理解在癌症确诊后都发生了可测量的明显变化。在这项研究中，几乎所有患者的担忧都集中在生活上，而且这种担忧远远超过了疾病带来的其他影响（对身体、经济、工作、宗教或家庭等方面的影响）。

研究人员还以那些罹患重病或绝症的患者为研究对象，估算生存危机在他们身上持续的时间。研究结果显示，患者的生存危机通常从他们拿到诊断结果开始，会持续 2~3 个月。

李称，在绝症的诊断结果刚刚出来时，患者会感到非常痛苦，不过这是正常的。和韦斯曼、沃登一样，李发现这种痛苦通常会在接下来的 3 个月里逐渐消失。

当不确定感达到顶峰时，患者会感到自己的生命受到了威胁，从而痛苦的感觉也会加重。对于患者来说，峰值往往出现在诊断之初和治疗（比如化疗和手术）之初。研究发现，接下来出现的焦虑和沮丧的峰值往往没有第一波那么高。

研究人员指出，生存危机影响每个人的方式不同。对于一些患者来说，确诊那一刻的心情并没有太大的起伏，而且很快就会过去。而对于另一些患者来说，他们在发现自己患有重病或绝症时，会联想到过去的情感或社交问题，比如失败的婚姻或破灭的梦想。还有一些患者会突然发现自己要用新的解决方案来处理不相关的问题，比如直接通过心理疏导来缓和一段被忽视的紧张关系，或者换个新住处。

许多患者会在一段时间内否认自己即将死亡的事实，这种现象会让他们的家人和其他观察者感到不安。

在自己终有一死的认知里来回摇摆

仁爱临终关怀中心的一位患者对我说："我不知道自己为什么会在这里——我的病情并不严重。我想可能是因为我的妻子得了流感，她需要休息一下。"此时，另一位患者不停地念叨，他会战胜癌症，就像他之前战胜其他疾病一样。不过，仅仅过了一周，他就去世了。其他患者有时也会愉快地畅想未来，规划接下来的几个月或几年的行程，比如去参加什么活动，或者去哪里旅行。他们似乎坚信自己能活到那个时候，还能参加这些活动。

多年来，斯蒂芬一直知道自己患有前列腺癌。尽管这是一种绝症，但他似乎从未完全接受或理解自己的情况，甚至当医生告诉他癌症已经扩散时，他都没有意识到危机。他的妻子简说："他还没感受到生存的耳光。"也许他曾在医生办公室里有过短暂的惊慌失措，但他的生存危机很快就过去了。斯蒂芬的活检结果证实他患有癌症，于是简问医生："假如你是斯蒂芬，你会怎么做？"医生说，他不会再去做那些既昂贵又没用的治疗了，这简直是浪费时间和金钱。他鼓励斯蒂芬好好享受和家人在一起的美好时光。

他们的谈话激怒了斯蒂芬。他就像一个斗士，希望医生能给他提供可能创造奇迹的疗法。他开始寻找一些更为激进的疗法。当他的妻子表示不会带他回加利福尼亚州做肝脏检查时——整个旅途和检查过程都很累人——斯蒂芬便让朋友开车送他去那里。后来，斯蒂芬被病痛折磨得日渐衰弱，大部分时间都只能躺在床上。朋友们想来看望他，但他通常都不想见。他对简说："他们之所以想来这儿看我，就是因为觉得我快死了。"

当斯蒂芬的症状严重到简和护理人员已经无法妥善地照料他时，他终于登记了临终关怀。"你知道临终关怀意味着什么吗？"简曾问过他。

"知道，我可能随时离世。"斯蒂芬回答道。大约过了一个月，他暂时离开了临终关怀中心，接受为期两周的治疗。

简说："我早就知道他快死了，但他仍然不愿意接受这个事实，这才是最令人难受的。"在斯蒂芬去世前的那个周末，一位临终关怀护士前来检查他的生命体征。护士看着他说道："你知道吗？现在的你正处在死亡边缘。"于是，简问她的丈夫："你听到她的话了吗？"

"嗯，我听到了。"斯蒂芬说。

"你知道她在说什么吗？"简在护士走后又问。

"那只是她的看法。"

还有一位临终患者，我每周都要和他相处 4 个小时，那真是一段令人难忘的时光。他心里肯定知道自己得了致命的脑瘤。

当他接受第一次手术时，医生就告诉他，他的脑瘤可能会复发。如果不幸发生了那种情况，他们也无能为力。后来，脑瘤的确复发了。

当我们第三次见面时，他问我为什么花这么多时间和他待在一起。我告诉他，我来找他是因为我喜欢和他交流，当然，还有一层原因是我的临终关怀志愿者身份。尽管很多人告诉过他临终关怀的含义，但我感觉到，他仍在努力地理解接受临终关怀意味着什么。然后，他转移了话题。在我们的谈话过程中，他的大脑里一直萦绕着这样一个事实：他患的是绝症。当我们谈到他的脑瘤时，他说希望出现奇迹，他说话的语气也表明了他的期盼。他告诉我，他的主治医生说他的脑瘤无法治愈，不过，他好像很质疑他们的医学观点。

虽然这位患者和斯蒂芬一样，大部分时间都在否认死亡，但他们都有面对真相的时刻。根据简的回忆，斯蒂芬在得知真相的头几分钟似乎真的明白自己快要死了，但那一刻很快就过去了。姑息治疗专家曾经认为，患者面对死亡的态度要么是否认，要么是接受。现在，罗丁和其他研究人员则认为，人们面对死亡的态度很可能在二者之间来回摆动。一位研究人员表示，当人们面对死亡时，钟摆是形容其状态的最好比喻，因为他们总是在接受和否认这两个极端之间来回摆动。韦斯曼把这种状态称为"中间认知"。他描述了一位接受自己即将死亡的事实的患者，至少从理论上来讲患者是接受这一事实的。当患者经历了一段压抑的时光后，他开始规划自己的未来，尽管他患的是绝症，根本谈不上未来。韦斯曼写道："患者似乎知道而且想知道真相，但他们说的话却好像什么都不知道，就像不想再提那些他们已经知道的事实一样。"绝症患者似乎会先面临生存危机，接着进入否认状态，然后再次回到生存危机——这种循环可能不止一次。

韦斯曼和沃登描述了另一起常见案例：一位罹患癌症的女士对采访者说，她并不知道癌症是什么，并明确表示她对后续的诊断结果完全不感兴趣。

事实上，你不可能永远否认死亡。虽然即将离世的想法并没有停留在意识的最前沿，但是，一旦你开始面对这个事实，它就会留在脑海的某个角落。加拿大曼尼托巴大学的精神病学家哈维·乔奇诺夫是姑息治疗方面的专家。他认为，"中间认知"意味着患者对自己的病情有一定程度的认识和理解，"这些患者知道自己所剩的时日不多"，但有些人仍在试图维持现状，"觉得自己还有未来"。

理想的状态是患者能够清楚地认识到自身的状况并积极参与生活。罗丁解释道："我们认为，在某种程度上，人们必须带着对死亡的意识生活，同时平衡死亡与生活之间的关系……我们将这种二元性称为双重意识，而保持二元性应该是一项基础任务。"

直面死亡——不总是一场危机

意识到生存危机并不总是伴随着精神上的折磨。照顾临终患者的医学专家表示，很少有患者能够完全跳过这个阶段，或者在这个阶段中遭受较少的折磨。科伊尔说："人们可以逐步度过这场危机，没人必须经历突然的意识冲击。"

韦斯曼和沃登发现，在他们的研究中，有些患者从未经历过生存的耳光所带来的绝望和抑郁。虽然很多患者都受到了冲击，但他们却能较好地应对，躲开那些"不可避免的恐慌和无情的灾难感"。

李表示，研究人员尚未完全理解为什么有些人在得知自己身患绝症后不去寻找意义。"为什么是我"并不是每个人都会问的问题。

她说，有些患者早已知晓自己的家族有疾病遗传史，因此，他们的生活预期可能已经包含了癌症。他们或是认为自己会英年早逝，或是看到了亲朋好友在人生的同一年龄段患上了癌症。不知道出于什么原因，他们的诊断结果与他们的预期相符，尽管研究人员直到最后也不清楚，为什么这些人没有像其他人一样问"为什么是我"这个问题。

适应绝症生活通常是一个既困难又必要的认知过程。如果患者不愿意面对自己即将死亡的结局，以及死亡给生活带来的影响，那么，他们很可能会在抑郁和无意义感中迷失。成功适应的患者往往会对生活和自我拥有更为深刻的理解。尽管大多数患者都会出现生存危机，但研究人员认为，他们同时发现了新的人生意义。

你必须学会在雨中前行

简并不知道为什么她的丈夫会如此强烈地抵触诊断结果。她认为其中一个原因可能是恐惧。"我觉得也有性格上的原因，他就像一个斗士，你告诉他这个，他偏要去做那个，"她说，"我想他身上可能有这样一个特点——没人能告诉他什么时候死亡，他自己决定死亡的时间。"

简表示，她已经学会了尽量不去干涉他人面对死亡的态度。"在人生的那个阶段，没人知道我们会想什么、说什么或者做什么，那么，其他人又怎么会知道呢？你不能去干涉。"她真的很感谢斯蒂芬，他是一位好丈夫，懂得尊重别人，在生活中体贴入微，对家人也很有爱心。他在与疾病斗争期间展现出了坚强的毅力和不屈的意志，对此她非常钦佩。他在离世前的几个月里非常珍惜与妻子和朋友们共同度过的分分秒秒。"但我们都很难过。这对我来说很难。我知道他快要走了。"简说。

斯蒂芬可能从未真正地意识到自己快要离开这个世界了，或许当他在尚有意识但无法说话的时候，他可以独自面对这个事实。简想和他进行一次对话，讨论死亡这一沉重的话题，并回忆他们生活中的重要时刻。斯蒂芬最初不愿意讨论，后来他就不能说话了，于是她只能自言自语。现在，她觉得自己能够接受丈夫即将离世的事实。通过面对他的死亡，简觉得以后她也能面对自己的死亡。

处在顺境中的人通常不会谈论这些沉重的话题，比如生命丧失意义的感觉或者每个人都会离世的事实。然而，即将死亡的人就无法逃避这些问题了。罗丁说："这就像你在下倾盆大雨的时候假装自己不需要伞，或者假装外面根本没有下雨一样。虽然你能在下毛毛细雨的时候这么做，但最终还是得在雨中前行。"

2

轨迹：

我们的死亡规律

当你问大家想选择什么样的死亡方式时，答案往往会涉及"突然的"或"无意识的"。例如，在睡眠中安然离世，从悬崖上摔下来，甚至是遭遇某种突发事故。

让我们在脑海里想象一幅代表猝死轨迹的图：一条平行于 x 轴的直线突然与一条垂直向下的直线相交。这幅图所描绘的是这样的场景：一个身心健康的人快乐地享受着自己的生活，但一场突如其来的意外带走了他，不过，他在离世前并没有遭受病痛的折磨。当然，人们的死亡方式有很多种，上面描述的这种并不是最常见的。

第二幅代表死亡轨迹的图是这样的：一条平行于 x 轴的直线开始倾斜向下（不是垂直向下）。这幅图所描绘的是癌症晚期的发展轨迹：一个身心健康的人生病了，病情随着时间的推移越来越重，最后他离开了这个世界。

第三幅代表死亡轨迹的图是这样的：一条平行于 x 轴的直线不断地上升、下降，形成一系列高峰和低谷，但总体趋势是下降的，最后到达底部。这幅图所描绘的是重度慢性病患者死于多种并发症的情况。他们不停地进出医院，每次出院时身体都没有完全康复。这种情况反复上演，直到他们离世为止。

第四幅图是由乔安妮·琳恩和她的同事提出的。她是一位医生，也是杰出的医疗保健政策研究员。这幅图刚开始也是一条平行于 x 轴的直线，但它的起点要低于前三幅图，然后直线随着一系列小幅下降而持续走低。这幅图所描绘的是由痴呆或其他严重疾病引起的长期进行性衰弱。当人们罹患这种类型的疾病后，健康状况会连续多年逐渐恶化。一旦患者的健康状况下降到了一个非常低的水平，像流感、肺炎或骨折这样的小病就会夺走患者的生命。

大多数美国人死亡的模式都符合第四幅图，但很多人觉得自己会以前两种方式告别这个世界。

我们需要有关死亡的新故事

养老院的患者曾不止一次地告诉琳恩，他们希望自己能像约瑟夫·伯纳丁那样离世。伯纳丁是美国的红衣主教，在 20 世纪 90 年代被确诊为胰腺癌。当癌细胞扩散到肝脏后，这位芝加哥教会的领袖人物成了许多人眼中有尊严的死亡的精神象征。伯纳丁会公开谈论他的病情，述说那些与死亡相关的恐惧心理，同时，他还会重申自己对上帝和天主教的信仰。一位临终关怀志愿者告诉我："伯纳丁说他实在是太痛苦了，甚至没法为自己祈祷。他是一个非常圣洁的人，心地善良，待人温和；他请求别人为他祈祷。我将永远记住这一切。"伯纳丁在离世前的几个月里又增设了一个部门，这个部门专门为罹患癌症或者其他重病的患者服务。他在生命最后的时光里仍然关注着别人的需求。

现在的年轻人大多不了解他的故事，但他当时的做法引导了人们想象自己将来的死亡方式。直到如今，人们在听到有人身患绝症时，仍然会想到这样一个特殊的场景。琳恩说："我们要讲的故事是关于一位死于乳腺癌的45岁患者的，或者是关于一位死于脑瘤的患者的。我们知道，布列塔尼·梅纳德、泰德·肯尼迪和参议员麦凯恩都死于脑瘤。"他们所患的疾病可能各有不同，但这些故事都遵循同一个模式：绝症诊断突然打破了以往平静的生活，患者的身体状况急转直下，接着很快就离世了。"尽管这些发生在别人身上的事情像故事一样，但它们却很高尚，触动着我们的心弦，"琳恩继续说道，"我们有没有分享过关于痴呆患者的故事呢？"

最近上映的几部电影都涉及死亡的话题，人们对死亡的固有观点刚刚开始转变。例如，当出生于婴儿潮的那代人开始照顾垂垂老矣的父母时，他们的真实感受与预期不同。或许，他们希望在父母离世前，能够有最后几周的时间解决过去和父母之间的那些不愉快、小摩擦，希望此时的父母说几句明智的话或做出一些严肃的声明。但是，现实完全不同。他们的父母已经患上痴呆，再也没有机会和他们正常交谈了。

人们在看到这一切后逐渐意识到，自己将来的死亡方式可能会与预期不同。

不仅痴呆缺少共同的文化故事，这种情况也见于其他不同的死亡模式，比如衰弱、慢性肺部疾病、心脏病，甚至某些癌症。这些疾病是造成现代人死亡的主要原因，但我们还没来得及去创造新的故事。

死亡轨迹

《死亡时刻》是一部出版于 1968 年的经典著作，社会学家巴尼·格拉泽和安塞尔姆·施特劳斯试图在书中阐述，我们预期的死亡方式和真实的死亡方式之间存在差距。他们研究了医护人员的预期和医院内患者的真实死亡情况，然后提出了这样一个问题：患者对病情的发展和自己的死亡究竟有多大的控制力呢？他们推测，这至少在一定程度上取决于死亡轨迹，也就是患者能否稳定且快速地走向死亡。

在格拉泽和施特劳斯之后，包括琳恩在内的其他研究人员都建立了死亡轨迹的概念。例如，为了促使医疗保健系统更好地服务于大众，琳恩和她的同事已经开始研究死亡规律。她说："我们认为，如果人们能够搞明白死亡轨迹，那么，研究成果将在大部分情况下帮助到大多数人。"虽然死亡轨迹有好几种，而且每种轨迹的形状也不相同，但是大多数轨迹都遵循相同的规律。

第一幅图：猝死轨迹

对于现代美国人来说，猝死的发生率低于其他类型的死亡的发生率。意外伤害是造成死亡的第三大杀手。虽然心脏病和脑卒中（俗称中风）仍会夺走患者的生命，但是随着医学技术的发展，我们现在可以对其进行手术或药物治疗，这意味着它们的致死率要低于以前。当然，除心脏病或脑卒中外，人们还可能死于车祸或高空坠落，死于吸毒、中毒或意外枪伤，死于谋杀或自杀。

这种类型的死亡过程很短暂。

全世界最常见的猝死原因是心脏性猝死，俗称心脏病发作。诱发心脏病的因素有好几种，其中一种是胆固醇在心脏动脉血管处的堆积。患者可能会出现间歇性胸痛的症状，并且该症状随着运动而加剧，进而引起心脏病发作。在此期间，患者意识清醒，甚至能够自行到达急诊室接受抢救。这种情况通常不会致命，大多数患者在几天后就能出院，但个别患者可能会死于并发症。

另一种更为严重的因素是供给心肌的血液突然被中断，医生将这种心搏骤停称为"急性心肌梗死"。患者几乎不能完全康复。当急性心肌梗死发作时，患者通常不会受到折磨，甚至在不知情的情况下就去世了。心脏堵塞会引发心室颤动。当心脏下部的心室停止有节奏的跳动时，它就不再为大脑输送血液和氧气了，因此，大多数人此时会丧失意识。

心脏性猝死的患者会在没有任何知觉的情况下迅速死亡。患者会立刻失去知觉：在心脏停止跳动后的一两秒内，人的意识会变得模糊，死亡随之而来。

相反，重度脑卒中患者的意识可能会非常清醒。脑卒中是由大脑动脉堵塞造成的，往往只影响大脑左右半球中的一个。虽然脑卒中会造成患者死亡，但患者实际上并非直接死于这种疾病。脑卒中患者在临终前往往不会感到痛苦：他们可能会头疼、思维混乱、说话困难、虚弱、视力模糊，但通常不会遭受很多折磨。

除心脏性猝死和脑卒中外，急诊室医生还会遇到其他造成猝死的致命伤害。绝大多数患者要么已经处于无意识状态，要么很快就会陷入无意识状态。车祸是最常见的致命伤害，其受害者往往会遭受严重的脑损伤，当场就失去知觉。他们根本不会意识到自己所受的痛苦，也不会知道自己马上就要死亡。

除脑损伤外，鲜有事故会造成人类猝死。例如，从高处坠落的人可能会摔碎骨盆，造成骨盆静脉破裂，导致大出血；伤者的意识也会断断续续。然而，这是一种极为罕见的情况。通常情况下，严重的事故都会造成脑损伤，而伤者会马上失去意识。

如果你的头部受到了致命的枪伤，那么，你同样不会意识到死亡。但如果致命的枪伤并没有影响你的大脑功能，那么，你的意识将会是清醒的。当你知道发生了什么的时候，你的身体会感到疼痛，而你的大脑会产生震惊。不过，由于大脑中氧含量的下降，你很快就会丧失意识。

我们知道，死在急诊室里的患者都不会遭受很多痛苦。这要么是因为你受伤的性质，要么是因为医疗团队的介入减轻了你的痛苦。

为什么急诊室里的猝死往往是没有痛苦的？美国国立卫生研究院紧急救护办公室主任杰里米·布朗说："这并不是因为我们采取了什么减轻痛苦的措施，而是因为我们的生理反应——损伤最终会造成缺氧，使我们的大脑迅速陷入昏迷状态。昏迷意味着你对周围的环境没有任何意识。"发生在野外的致命伤害与急诊室的情况还有所不同。例如，假设你从马上摔了下来，扭断了脖子，因为你的心脏还在跳动，所以你在前几秒内可能还有意识，但脖子以下的身体却会完全失去知觉。过一会儿你的意识就会消失。

然后你会停止呼吸，在30~60秒后陷入昏迷，最后死于大脑缺氧。

如果人们在野外受到了创伤性脑损伤，就会立马失去意识，没有任何知觉。但是，在比较罕见的情况下，人们会因为失血过多而死亡。伤者会徘徊在有意识和无意识之间，并产生一种模糊感。然而，即使有几个恢复意识的短暂瞬间，他们也可能不太清楚发生了什么。

如果你以猝死的方式死去，那么，无论如何你的身上都不会出现那些电影里的桥段。布朗说："我不记得有哪位患者在遭受致命重伤后还能知道发生了什么，还能像战争电影里演的那样闭上双眼，躺在同伴的怀抱中死去。这种情况可能会发生，但我从来没见过。"

相反，癌症的死亡轨迹与你读到或看到的虚构情节最为相似。

第二幅图：癌症轨迹

我的母亲在知道自己的癌症到了晚期后，还正常地生活了好几年。她和我的父亲一起招待客人吃饭，一起去亲朋好友家做客，甚至一起去国外旅行。最后，他们收拾好行李搬到了科罗拉多州，那里离我家更近。在搬家后的那段时光里，母亲一边继续接受化疗，一边正常生活。她为我父亲的生意记账，在当地的图书馆委员会上班，还成了一名临终关怀志愿者。他们每天都会和邻居一起牵着狗散步。他们会爬上附近的一座山，走到一个小石堆前就折返。过了一段时间，他们开始每天在那个小石堆上放一块小石头——在他们看来，那些小石头也许是能够保佑我母亲身体健康的护身符。

在母亲离世前的 8~10 个月里，她的精力开始变差。虽然他们依旧每天爬山，但她再也走不到小石堆前了。她走的距离越来越短，后来，她只能走到山脚下人行道的尽头处。她待在家的时间越来越长，出去玩的时间越来越短。当我的父母最后一次去澳大利亚旅行时，她大部分时间都在酒店的房间里打盹，或者坐在凳子上看书、休息。旅行结束后，她感觉自己筋疲力尽。又过了一个多月，她就去世了。

我母亲的例子就是符合第二种死亡轨迹的典型案例。在这种轨迹中，患者的身体状况一直维持在稳定水平，直到离世前的五六个月才会突然变差。

尽管这种死亡轨迹并不适用于所有癌症患者，但大多数癌症患者的状况都与之相符，因此，这种死亡轨迹也被称为"癌症轨迹"。大多数转移性癌症患者都具有自理能力，可以相对独立地生活，甚至在确诊数年后仍能走路、开车、参加聚会，这种现象会维持到离世前的几个月。有些患者已经接受了自己身患绝症的事实，也适应了目前的身体状况。不过，当病情急转直下时，他们还会再次感到震惊。他们躺在病床上，突然就不能享受以前的生活了。杜兰戈市的姑息治疗师安妮·罗西尼奥尔将这种现象称为"癌症悬崖"。

考虑到我母亲患的是转移性乳腺癌，我向罗西尼奥尔咨询，应该对处于这种情况下的患者说些什么，以帮助他们面对将死的现实。

她说每个人都是不同的。当你身患绝症后，你的生活会发生显著的变化。随着时间的推移，你的各项身体机能都会下降，渐渐地你就不能四处走动了。一般情况下你会失去食欲。如果转移性癌症扩散到了你的肺部和大脑（这很常见），那么，你可能会出现思维障碍或平衡障碍，这取决于大脑受损的位置。你还可能会出现呼吸困难的症状，有时甚至需要吸氧。随着病情的不断加重，一旦你从"癌症悬崖"坠落，就会感到更多的疼痛或不适。同时，你与家人的互动也会减少。你通常会感到非常疲倦，甚至一睡不起。

琳恩表示，遵循这种死亡轨迹的患者护理起来相对比较容易。就像我母亲的情况一样，大多数癌症患者"仍然生活在家庭和社区中，他们的病情只会在离世前的几个月里变得非常严重，而家庭和社区承担了较长时间的护理工作"。

尽管医生也不知道死亡轨迹会在什么时候突然下降，但是，一旦轨迹突然下降，他们就能判断出患者可能在几个月内离世。因此，遵循第二种死亡轨迹的患者非常适合临终关怀。只要有

2 名医生证明某个患者可能会在 6 个月内死亡，他就能登记临终关怀。在美国，多年来接受临终关怀的患者大部分都是癌症患者，但现在的情况已经不一样了。

然而，即便患者的状况属于第二种死亡轨迹，医生也很难准确地判断他的生命是否只剩 6 个月。对于那些遵循第三种或第四种死亡轨迹的患者而言，准确预测他们的死亡时间就更难了，有时甚至不可能实现。这就意味着患者不仅难以规划自己的身后事，而且不能在临终关怀政策中获益，甚至临死前还要在重症监护室里接受治疗。对于你自己、你的家人甚至你的主治医生来说，面对即将死亡的事实都是一件极为困难的事情。

没人知道你的生命终止符在哪里

大约 3 年前，我负责为一位即将过百岁生日的老人进行临终关怀。当我第一次走进她家时，她那虚弱的样子让我感到震惊：她的体重只比 90 磅（约 41 千克）多一点，初步诊断结果是痴呆。她偶尔会有清醒的时候，但大部分时间都在睡觉。她时常处在幻觉之中，与那些早已去世的人交谈。根据医生的判断，她的生命最多剩下 6 个月，因此，她登记了临终关怀。当时要是有人问我她还能活多久，我会说她可能活不到下周我来看她的时候。但事情远远超出了我们的预料，在我写这本书的时候，她还活着。

医生都希望自己的预测准确、可靠，因为不准确的预测会给患者及其亲属带来不必要的麻烦。如果可以的话，大多数医生都不愿意预测患者的死亡时间。但是，临终关怀政策要求的 6 个月时限又迫使他们必须去做。琳恩认为，6 个月的时限毫无意义，因为人们并没有在统计学上达成一致的观点。6 个月的时限是指患者在这段时间里死亡的概率是 51％，还是 90％，甚至是 99％呢？"赌马的人都知道，这些百分比是完全不同的概念，"琳恩表示，"没人愿意去处理这些问题，因此，我们不仅缺乏数据支持，还相信一种神奇的感觉，即医生会知道人们的生命终止符在哪里。那些患有进行性疾病或绝症的患者的病情发展都有自己的节律。"

对于那些遵循第三种死亡轨迹的患者来说，预测他们的死亡时间更加困难，哪怕只是粗略地估算。

第三幅图：器官衰竭的"间歇性灾难"轨迹

第三种死亡轨迹的上下波动体现了心力衰竭和慢性阻塞性肺

病（COPD）的特点。通常情况下，患者对日常生活的感觉在身体状况突然恶化之前都很好。"很多时候，如果你死于心力衰竭或呼吸衰竭，那可能是因为你的身体原本在某种程度上处于平衡状态，然后一些小事引发了衰竭，比如你吃了一块椒盐卷饼，接着就陷入了心力衰竭，或者你患了感冒，突然就变得呼吸不畅，"琳恩解释道，"这就是间歇性灾难。有时你的身体会完全恢复，但有时却不会，即便医生竭尽全力地抢救你。"

因此，遵循第三种死亡轨迹的患者极有可能死在重症监护室里，直到离世前的最后一刻仍在接受那些没用的、可能违背患者意愿的抢救措施。格兰特讲述了一个终末期心力衰竭患者的案例，这位患者曾在6个星期内住了7次院。"她不停地拨打911，进入医院接受治疗。医生会给她提供一点儿帮助，然后送她出院回家。几天后，她再次拨打电话来到医院，"格兰特继续说道，"这真是太疯狂了。但是，我们又没有其他的办法。她和她的家人都不想接受临终关怀，因为他们认为她不会死。当然，她肯定会死。"

按照第三种死亡轨迹离世的人会有什么感觉呢？如果你患有充血性心力衰竭，你体内的"供血泵"就会丧失动力。当心脏的健康状态越来越差时，你的病症也会越来越多，比如呼吸困难、肺部积液和组织积液。如果你没有接受临终关怀或姑息治疗，那么，即使你做的每件事都是对的，你也会频繁地进出医院。慢性阻塞性肺病患者就是如此。假如你患有此病，你的肺会逐渐衰竭。你很有可能患上肺炎或其他疾病，这意味着你会多次进出医院。每去一次医院，你的健康水平都会下降一点。随着时间的推移，你的状态会越来越差。

琳恩表示，医生不会告诉患者这种情况最终将夺走他们的生命。即使患者的情况已经糟糕到躺在床上不能呼吸了，他们也不会想到自己会死。患者通常认为他们可以继续活下去，"直到真正的厄运降临"。患者实际上已经生命垂危，但是，他们还在等待自己身患绝症（比如癌症）的诊断。近15~20年，医护人员往往会告诉患者他们的病情可能已经到了晚期，并给他们选择的机会。他们得与家人商量，决定是否放弃激进疗法。心肺衰竭患者可以决定是否使用呼吸机，是否输液或移植器官。激进疗法的效果通常可以持续很久，琳恩坦言："总的来说，人们可以自主选择是否使用它们，这是一件好事。"

尽管如此，仍有很多患者没有意识到自己的病情已经处在危及生命的阶段了。为了走近那些身患绝症者的生活，苏格兰医生曾在2015年的一项研究中采访了遵循不同死亡轨迹的患者。他们发现，遵循第三种死亡轨迹的患者往往不愿面对死亡，而且，他们不认可主治医生和护士的诊断，认为自己并没有到达晚期阶段。很多人只是觉得自己老了而已。

对于遵循第四种死亡轨迹的患者而言，情况也是如此：他们甚至不知道自己快要死了。

第四幅图：衰弱轨迹

罗西尼奥尔表示："其实，我们并不知道患者什么时候会死。我们在医院里看到的患者会不会死亡？他们处于死亡轨迹的什么位置？"

阿彭策勒分享了这样一段经历：

我的母亲已经 90 岁高龄，患有慢性阻塞性肺病，身体非常虚弱。后来她摔了一跤，髋骨骨折了，因此接受了临终关怀。我能怪那条绊倒她的狗吗？我能怪她肺不好吗？不，这些都不重要，重要的是她摔倒了。

我没有直接对她说："妈妈，你摔了一跤，可能会去世。"我知道事实就是这样，但这对她来说是很难接受的。她无法想象接下来会发生什么。这不是她的生活方式。我的母亲有 8 个孩子，她能做的就是把东西放在不同的篮子里。我只能对她说："妈妈，我们不能接受治疗了。因为你很虚弱，不适合做手术。

我们也很为难。"她能听到。"虽然我们很为难，但是肯定不会让你受伤。我们要把你留在家里好好照顾，我们都会在这里陪你。"她也能听到。她知道自己时日无多，我没有必要说："妈妈，你快不行了。"因为这对她来说并不合适。每个人都是不同的。因此，当你与他人相处的时候就会发现，有些人直觉很准，有些人直觉一般，还有些人直觉很差。

在美国，大多数人可能死于连确切死因都没有的疾病。随着慢性病的增多和人口的老龄化，很多人会变得越来越虚弱。"人和环境一直维持着非常脆弱的平衡关系，"琳恩解释道，"因为我们已经脆弱到失去弹性，所以一些很小的事情就能压垮我们——长期以来，我们的身体早已被拖垮。"很多医生都没意识到，衰弱是一种综合征。衰弱通常不会出现在死亡证明上，因此，美国疾病预防与控制中心给出的死因清单上也不会将它列为一项。琳恩认为，有时就像器官衰竭一样，其直接死因可能是一些并不怎么严重的疾病，比如轻微的心脏病、轻微的脑卒中或者感冒。"这就是我们大多数人的死亡方式，"琳恩说，"我们会死于一些非常小的并发症，医生甚至不会把它写在死亡证明上。难道要说患者'死于感冒'吗？"

人类越活越久，并且患有多种慢性病，这是越来越多的人死于衰弱的主要原因之一。"从全球来看，到 2025 年，发达国家 65 岁以上人口的占比将接近 30%，欠发达国家将接近 15%，"精神病学家若昂·索拉诺和他的同事指出，"虽然人类的寿命得到了延长，但是越来越多的人会死于慢性病而非急性病。他们要在漫长的时光里忍受病痛的折磨。"

琳恩在一篇博客文章中描述了她 96 岁的母亲衰弱而死的案例："她的体重减少了一半，她甚至无法从椅子上站起来。她的身上有很多病因不明的症状，但是，心脏、肺、肾和肝的功能还能维持一段时间。"现在，很多美国人都和琳恩的母亲一样，希望在临终前的最后 2 年有人来照顾自己。没错，2 年。而痴呆患者可能需要 8~10 年的日常护理，在此期间，他们的家人和朋友早就已经筋疲力尽。这些患者与遵循其他死亡轨迹的患者相比，需要更多的个人护理，比如洗澡、穿衣、吃饭，而且护理时间也会更长。

琳恩表示，虽然医疗保健系统并不是为那些死于衰弱、痴呆或其他疾病的患者（遵循第四种死亡轨迹）专门设立的，但是她相信情况会发生改变。"我们会逐渐实现这一目标，不过，如何快速实现才是更重要的问题。我们正在犯一个错误：我们以一种我们并不愿意的方式给患者及其家人带来痛苦，因为我们并不知道应该如何去做这件事。"

为了纠正这个错误，避免它带来的痛苦，琳恩和她的同事开始研究死亡轨迹。他们认为，这些死亡轨迹能够帮助医疗政策制定者针对不同类型的死亡制定不同的计划。死亡轨迹还能让患者看清自己的形势：有没有什么线索标志着你已经踏上了死亡轨迹？你剩下的日子将会是什么样的？

当然，尽管死亡轨迹能给你提供一些看待问题的视角，但真正的死亡过程取决于你自己的具体情况。

不同疾病造成死亡的风险有多大？

美国疾病预防与控制中心每年都会更新美国人最常见的十大死因。2018年，该机构发布了以2016年数据为基础的列表，其中最常见的十大死因如下：

1. 心脏病；
2. 癌症；
3. 意外伤害；
4. 慢性下呼吸道疾病（慢性阻塞性肺病、肺气肿、支气管炎、哮喘等）；
5. 脑卒中；
6. 阿尔茨海默病；

7. 糖尿病；

8. 流感和肺炎；

9. 肾脏疾病；

10. 自杀。

美国疾病预防与控制中心有很多种分析数据的方法。如果你仔细地检查死因列表，就会对它的绝对性产生怀疑。例如，该机构还制作了一张按年龄段划分的死因列表。如果你的年龄在45~64岁之间，那么，前两大死因就要互换位置。如果你的年龄在15~34岁之间，那么，你最有可能死于暴力，其次是自杀，接着是他杀。如果你的年龄在1~44岁之间，那么，意外伤害会变成主要死因。当然，影响死因的不仅是年龄。美国疾病预防与控制中心还根据社会经济地位、种族和居住地制作了不同的死因列表。

等到你去世的时候，主要死因肯定会发生改变。对于生活在20世纪70年代的人来说，谁能想到艾滋病会给90年代的美国年轻人带来如此大的伤害？又有多少美国人最近才听说寨卡病毒的存在？那些过去罕见的重病也可能肆虐全国。与此同时，随着科学技术的发展，新的治疗方法不断出现，人们的生活方式也不断改变，这些都可能降低列表上那些排名靠前的疾病的致死率。

从 2015 年到 2016 年，意外伤害、阿尔茨海默病和自杀这三种死因的致死率呈上升趋势，而其他七种死因的致死率呈下降趋势。随着科技的发展，治疗艾滋病的方法越来越有效，艾滋病的致死率也在大幅下降。由于新疗法的不断出现，再加上吸烟人数的显著下降，心脏病和癌症的致死率也在下降。

每个人都会死于某种原因。詹姆斯·哈伦贝克在他的著作《姑息治疗展望》中这样写道："阻止一种死亡方式实际上就是创造另一种死亡方式。"每当医学界发现针对某一特定疾病的有效疗法或预防措施时，其他病因的死亡人数就会相应增加。"即使是像安全带这样的好东西也会'致死'，因为它会降低人们死于车祸的概率，同时增加人们变老和死于其他疾病（比如癌症）的概率。"

2018 年年初，我探访了临终关怀安养院的 5 位患者。第一位患有胰腺癌；第二位患有间皮瘤，这是一种罕见的癌症；第三位患有肌萎缩侧索硬化，又名葛雷克氏症；第四位患有前列腺癌；第五位患有消化道出血。他们每个人都遭受着不同的病痛折磨，同时，日常生活也受到了不同程度的影响。N 女士是那位消化道出血的患者，她已经卧床数周。她在第一次来到临终关怀安养院时，就表示非常希望有人能陪她。她和志愿者、工作人员聊得非常开心，而话题都是一些日常琐事，比如钩编毯子，回家看狗、过夜等。又过了几周，她变得越来越虚弱，大部分时间都在睡觉，甚至连去洗手间都需要人搀扶。

D 先生患有肌萎缩侧索硬化。因为他的神经受到了损伤，以致无法移动自己的胳膊和手，所以他需要有人照顾他吃饭、喝水、查看电子邮件、切换电视频道。走廊另一头的房间里住着胰腺癌患者 T 先生，他仍然能出去和朋友共进午餐，大家会用轮椅把他推到附近的餐馆。他时常感到阵阵剧痛，而 N 女士却说她哪里都不疼，也没有服用任何药物。每位患者的症状都不尽相同，疾病给他们的生活带来了不同程度的影响。然而，有多少症状是由自身情况造成的，又有多少症状取决于病程或其他因素呢？

索拉诺和他的同事比较了癌症与心脏病、艾滋病、慢性阻塞性肺病及肾脏疾病在症状上的异同之处。他们发现，疾病的种类不同，患者的症状也不同。心脏病或慢性阻塞性肺病患者容易出现呼吸困难的症状，艾滋病患者容易出现恶心、失眠和腹泻的症状，而癌症患者容易出现厌食的症状。研究人员还发现，这五种疾病的患者都具有一组共同的症状：超过 50% 的患者会感到疼痛、疲劳和呼吸困难。因此，他们得出结论，"进行性疾病患者似乎必须面对一个共同的死亡轨迹"。

卡伦·施泰因豪泽和她的同事开展了一项研究，对患有三种不同重病的患者进行了比较。他们提出了这样一个问题："是诊断重要还是疾病重要？"最终的结论似乎既是肯定的，又是否定的。研究人员认为，与实际所患的疾病相比，患者住在哪里、病情有多重、患者的情绪和社会幸福感对其自身感受的影响更大。诊断结果对患者生活质量的影响并不显著。

当然，所患疾病的种类确实很重要。至少在离世前一年或更长的时间里，癌症患者的身体状况要比慢性心力衰竭或慢性阻塞性肺病患者的身体状况好。但是，情况会在离世前的几个月里发生逆转，此时癌症患者的身体状况会突然变差，他们在独立生活方面远不如心脏病或肺病患者。

琼·特诺是华盛顿大学的教授，主要研究临终关怀和相关政策问题。她和同事得出了一个相似的结论：患者日常生活能力下降的程度取决于他们所患的致命疾病。研究结果表明，在离世前的一年里，非癌症患者（如心力衰竭、慢性阻塞性肺病或糖尿病患者）在自理能力方面比癌症患者弱。但是，当临近死亡时，癌症患者会度过最艰难的时期，自理能力突然变差。在离世前的一年里，约有14%的癌症患者无法从床上或椅子上起身，而非癌症患者出现这种情况的概率为35%。但在离世前的5个月里，有63%的癌症患者无法起床，而非癌症患者出现这种情况的概率为50%。

不幸的是，虽然导致人类死亡的原因有很多，但是死亡的途径却很少。据格兰特估计，可能有二三十种。无论疾病的种类是什么，身患绝症的人在离世前的最后几个月里有许多共同点。

时间就是一切

琳恩和她的同事刚开始研究死亡轨迹时，就想通过更商业化的思维方式来改善针对临终患者的医疗保健服务。"如果你是万豪酒店董事会的成员，那么，你会估算大约有多少人使用汽车旅馆和酒店，并根据不同的位置（比如商业区、度假区、州际公路的交叉路口）规划不同的酒店环境，"琳恩解释道，"你会考虑不同情况下人们的需求是什么。"

研究人员很快就发现，对于临终患者来说，时间比所患疾病的类型更重要。患者出现自理能力障碍的时间不同，他们的需求也会不同。例如，病程进展较快的患者（遵循第一种或第二种死亡轨迹的患者）需要被照顾的时间比病程进展较慢、持续时间较长的患者要短。长期痴呆的患者需要更多的帮助才能让他们的生活步入正轨。他们在洗澡、穿衣和吃饭方面可能都需要帮助。

近年来，患者发现，从自己被诊断为绝症到最后死亡之间的时间跨度变长了很多。由于现代医学技术的不断发展，患者在生与死之间徘徊的时间越来越长——虽然患者知道自己得了绝症，但他们还活着。

那记生存的耳光会永远改变你。但是，仅仅因为你知道自己身患绝症就会死吗？还是说你现在生活在一个介于生死之间的新境地？

3

诊断后：

这片生死之地

我的母亲患有乳腺癌，诊断出来的时候已经到了第四期。她勇敢地接受了一系列的放疗、化疗和双乳切除术，然后和父亲一起去找布伦达，进行了最后一次检查。布伦达是我母亲的主治医师，她是一位出色的肿瘤专家，在范德堡大学医学中心工作。他们三个人聊得很愉快，一致认为我母亲的健康状况在经过上次治疗后的一年里得到了明显的好转。我父母告诉布伦达，他们打算搬到科罗拉多州生活，布伦达则告诉我父母，她要到另一个癌症中心工作。

　　当他们说再见的时候，布伦达才想起来她还没有看我母亲的扫描结果。她冲出检查室，告诉我父母她马上就回来。然而，她回来时的表情却变得严肃起来：我母亲的癌症不仅在恶化，而且已经扩散到了肝脏。"我肝脏上的斑点看起来就像鬣狗皮上的花纹。"我的母亲后来写道。

　　谁都不知道我的母亲还能活多久。虽然化疗能抑制肿瘤的生长，甚至减少肿瘤的数量，缩小它的尺寸，但我的母亲当时突然意识到，这种疾病会夺走她的生命。她不是唯一一个陷入这种奇怪窘境的人：成千上万的美国人都身患绝症。姑息治疗专家里纳特·尼西姆、萨拉·黑尔斯和加里·罗丁等人发表了一篇有关癌症晚期患者经历的文章，并将这种状态称为"生死之地"。在他们的研究中，患者将这种状态描述为"一种非自然的生存境况，首先也是最重要的是，它涉及个人界限的新关系"。

患者把死亡看作生命中理所应当的一部分，这是一种让人感到非自然的、陌生的阈值状态。"在这片生死之地，患者发现的反常之处在于他们要不断地刷新'自己处在死亡边缘'的认知，"研究人员解释道，"一直生活在这种认知下是一种无法描述的奇特体验，超出了他们和周围人所熟悉的经验范围。"

我的母亲在得知自己身患绝症后又活了4年半。如果你问我们中的任何一个人，包括我的父母和其他亲友，我认为当时没有人能预料到这4年半的时间里会发生什么。我们没有预料到很多实际的挫折和困难，也没有预料到还可以和她分享那么多的经历，比如去荷兰骑自行车、爬山，全家人一起吃早、午餐。我们没想到那段时间能干这么多事，能度过得这么开心。

初步诊断过后会发生什么？

琳恩提出，人们的文化期望似乎表明，人生只有两种类型：

要么处于仍然活着的状态，要么处于即将死亡的状态。

> 我们常听人说，一个人身患肺癌，"但他还没死"。这意味着他还没有躺在病床上，还没有体重锐减，还没有遭受病痛折磨。但是，他唯一能做的事就是等死。这一状态被用来描述一个人要么"暂时不会死"，要么"快死了"。前者是人类常见的状态，而在后者的状态下，人被划分为另一个种类，有着不同的义务和关系。

琳恩认为，如果一个人即将死亡，那么他的生命差不多要结束了，但对大多数人来说事实并不是这样。那些被诊断出患有绝症的人至少在某种程度上知道病魔最终会要了他们的命，但他们还有很多事情要做。

"我们并不是什么都做不了的半死之人。"这句话出自加拿大临终关怀先驱鲍尔弗·芒特研究项目里的一位患者之口。

伊丽莎白·库伯勒－罗斯提出了"哀伤的五个阶段"，虽然该理论被人们广泛接受（也常常被误解），但是学界对她将人的死亡过程划分为不同阶段的做法持谨慎态度。库伯勒－罗斯的工作具有开创性的意义，她让公众注意到那些躺在医院里奄奄一息的患者所面临的困境，而医院往往不承认自己有垂死的患者。她还为美国公众提供了一种公开讨论死亡和濒死之人的方式，因为自 19 世纪中期开始，濒死之人从家里搬到了医院，此后，讨论死亡的方式似乎就成了被许多人忘记的技能。库伯勒－罗斯的五个阶段是规范性的，而不是描述性的。该理论提出了哀伤之人必须经历的一系列步骤：否认，愤怒，妥协，沮丧和接受。

这并不是人们内心情感的表达方式。哀伤的过程也不会以一个特定的顺序出现。例如，你经历过一次否认并不意味着你不会再经历一次。或许你会在一开始否认自己身患绝症的事实，然后接受了它，接着一次又一次地否认它。或许你会完全跳过这些阶段，体验一种库伯勒－罗斯从未描述过的情绪。弗兰克·莱德勒这样写道：

> 我没有经历过哀伤的五个阶段。（我又不信教，该对谁妥协、愤怒呢？）对我来说，那是一种"槽透了"的感觉，但也有曙光。在化疗开始之前的那段日子里，我感到不舒服，而化疗后情况变得更糟了，我宁愿在去做化疗的路上死于车祸。不过想想，允许我回来道别，与亲人共度美好的时光，与朋友、同事和实习生公开讨论、私下交流或互发电子邮件不是很好吗？

虽然人们对库伯勒－罗斯的五个阶段的误解歪曲了患者的实际经历，但是研究结果确实支持这样一种观点，即死亡的过程可以被分为不同的阶段，人们在每个阶段的感觉都不同。帕蒂森在《死亡体验》一书中将死亡分成了三个主要阶段：急性危象期、慢性生死期和末期。当发现自己身患绝症后，患者经历了最初的震惊（感觉像被打了一记生存的耳光）——急性危象期。然后，大多数人会进入中间阶段，这个阶段从确诊开始一直持续到离世前的最后几天。帕蒂森也将这个阶段称为"生死间隔"。从字面上来看，帕蒂森的命名强调了时间，罗丁和他同事的命名则强调了地点。无论是生死间隔还是生死之地，这两个名字都表明，正常的生活标准在该阶段根本不适用。这种状态让人感觉生活在正常的时间和空间之外。

现在，大多数人都可以预料到自己会经历这段漫长的死亡期，即在得知自己身患绝症的前提下，继续活上几周、几个月甚至几年。

生死之地有什么新鲜事？

我们可以发现，随着科技和医学的不断进步和发展，现代西方世界里的生死间隔比一百年前更长、更普遍。哈佛大学医学文化教授大卫·琼斯认为，想要完全解释这种现象几乎是不可能的——活下来的都是少数有钱或受过教育的人，而不是那个时代的大多数人。

但我们知道，挥之不去的绝症并不是什么新鲜事。1812 年，第一期《新英格兰医学杂志》中的一份图表列出了当时人们的主要死因，肺结核占据了相当大的比例。托马斯·曼在他的经典著作《魔山》中提到，肺结核患者要在瑞士阿尔卑斯山的一家疗养院里住上几个月或几年。尽管大多数人最终都会死于这种疾病，但他们还是期待着痊愈。时间走走停停，生命处于生死的边缘地带。曼在书中描写的患者都是虚构人物，他们在得知或怀疑自己身患绝症后仍然活了很多年，这种情况在现实中的确存在。

琼斯认为，虽然我们很难确定身患绝症之人的比例是否在显著增加，但他们很可能比一百年前的那些濒死之人更加难受。"现在，所有接受透析治疗的慢性肾衰竭患者都可以活上好几年，如果没有透析的话，他们在几个月或几年前就会死于水肿，"他表示，"对于这类患者来说，虽然这种生存模式令人不适，但换作以前，根本不存在这种可能。"

而且，现代的生死之地与一百年前的生死之地相比也有了很大的变化。19 世纪，几乎所有处于弥留之际的患者都由家人照顾。琼斯指出，那时大多数弥留之际的人不会去看医生。现在，人们对绝症的治疗方式也发生了改变，这些改变有时会给患者的生活带来巨大的影响。19 世纪治疗绝症的方法可能会让患者感到很痛苦，但这种痛苦肯定比不上现代化疗所带来的不良反应。琼斯说："接受过骨髓移植的患者在治疗时基本上都会觉得自己到达了死亡的边缘，希望自己能挺过来。我们可以肯定的是，那些与癌症抗争到底的患者经常感到不适的原因不仅是疾病本身，还有治疗带来的不良反应。"

"所以我认为可能有这样一类癌症患者，他们在化疗和癌症的双重折磨下已经病了很久。如果他们生活在过去，可能早就去世了。但是，如今他们仍然可以在病危的情况下继续生活。"

处于生死间隔是什么感觉？

他常常绕着家具跑圈，我猜他最多能跑25圈。他戴着运动手环，一直走到了公园的人行道上。我和一位护士把他带到了那里。我给他准备了一个非常好的助行器，它一点儿也不摇晃。我们还给他带了轮椅，以便用它把他送回车里。那是他最后一次外出，一周后他就去世了。那几乎是他的巅峰时刻——他必须这样做——但是，他的身体却不允许他再这样做了。

有时我会问他："是什么让你留在这里的？究竟是什么？"

他就坐在那儿回答："是狗，你，还有鸟。"

去年 1 月，他说："我只是想来这里看看候鸟。"我们所去的地方有很多黄腹丽唐纳雀，非常有趣。我答应了他，还把板油拿出来招待它们。我们看着这种漂亮的雀鸟。待它们离开后，啄木鸟就来了，其他鸟类也慢慢开始出现……我猜他一直都在想，"哦，我还能再活半年"。我觉得他真的是这么想的。但就在几年前他还表示，"一旦我不能徒步旅行，我就会离开这里，你再也不必担心照顾我了"。我们看待死亡的方式改变了。

这是一位癌症患者的遗孀所记录的文字。

当我成为临终关怀志愿者后，服务的首位患者是当地养老院的一位老妇人。她的丈夫 90 多岁了，每天都来看她，而且从早待到晚。他们起初并不遵守养老院的规则，因而她很难完成一些简单的目标动作，比如在助手的帮助下上厕所，品尝食物的味道，及时修剪头发，以及在他人的帮助下去外面抽根烟。但是，这对夫妇相濡以沫的感情最终还是让养老院的工作人员和其他老人为之动容。大约 1 个月后，他们逐渐养成了一种习惯。丈夫几乎在任何天气都会推着妻子去外面吃饭，哪怕小院里的桌子上都结了一层冰。其他老人也会过来，有的坐着轮椅，有的从旁边的桌子挪过来。丈夫会讲一些他们在西部旅行的故事，或者他们年少时第一次见面的故事，又或者他们在牧场做饭的故事。她抽着烟，挑拣着碗里的饭，要么翻个白眼，要么大笑一番，然后回到房间里的氧气罐前。有一次，当我和她单独相处时，她抱怨着他们这一生所遇到的挫折，觉得自己在养老院里的生活并不如意。但总的来说，她在等待死亡降临的过程中似乎过得还算比较满意。这是一年多前的事情了。

当学者试图研究临终患者的心理状态时，为了探究原因，他们经常会调查患者的家属或医护人员。然而，就临终患者的生活质量而言，目击者描述的往往比患者自己描述的要低。

当研究人员真正与临终患者交谈时，就会发现一些不同的东西。2016年，一组西班牙护士采访了13位癌症晚期患者，并将采访结果整理发表了出来。这些采访有三个共同点：其一，患者将自己的癌症生活描述为一个独特的过程，在这个过程中，他们的主要目标就是尽可能正常地生活；其二，患者认为社会关系网，特别是与亲朋好友的社会关系网，对他们来说至关重要；其三，患者认为自己与医疗保健系统的相互作用同样至关重要，比如他们在医院的经历，或者他们接受的特殊医疗服务的质量。

在其他研究中，身患绝症的患者认为他们的生活失控了。最重要的是，他们想尽可能地过正常的生活。他们表示，有时从实验报告来看，尽管他们的身体状况应该更糟，但此时他们的自我感觉反而更好；反之亦然。他们认为自己与他人的关系在某些重要方面发生了改变。他们感到自己对他人的依赖在逐渐增加，健康状况也在不断恶化。与此同时，他们不停地与这些趋势做斗争。

然而，他们并不一定不快乐。

研究人员已经开始研究临终患者的正面情绪和负面情绪。他们发现，那些患有重病或绝症的患者对自己生活质量的评价往往和正常人一样高。而且至少有一项研究提出，重病或绝症患者对自己生活质量的评价甚至更高。2000 年，一项关于生命只剩 6 个月的充血性心力衰竭患者的研究表明，虽然患者的症状越来越严重，但是大多数患者觉得自己的生活质量并没有明显下降。2005 年，一项针对晚期肌萎缩侧索硬化患者的研究报告认为，患者很少会抑郁，而且他们的心理状态在临死前并不会发生很大的改变。

人们在得知自己身患绝症后会经历生理和心理上的双重折磨，而最常见的负面情绪就是抑郁和焦虑。不过，患者也常说绝症给自己带来了积极的影响，否则他们永远不会有这种体验。而且，他们的心理状态和生存状态在临死前的几天里都会有所改善。

大多数身患绝症的患者都会转变自己看待死亡的方式。通常，第一记生存的耳光所带来的痛苦和焦虑终将减轻或消失，但身患绝症的压力始终起起伏伏。因此，有些患者用波浪来形容自己的情绪变化。

以色列的两名医生克雷格·布兰德曼和内森·彻尼先后采访了 40 位癌症晚期患者，这些患者已经度过了最初得知诊断结果的急性危象期。研究人员发现，患者最关心的问题并不是死亡。最初诊断过后，约有 50% 的患者表示自己并没有想过死亡。一些正在考虑死亡的患者说，他们已经找到了应对的方法，还没有感到死亡带来的痛苦。很多人觉得自己已经妥善地处理了一些问题，诸如失去尊严、丧失人生意义，以及对过去的失望或愧疚。

濒死之人不一定认为自己患有疾病。一项研究表明，"在 50 位有活动性症状的癌症患者中，三分之一的人认为自己'比较健康'，三分之二的人认为自己'非常健康'，其中 12 位患者在研究期间身亡"。罗丁指出，在理想情况下，患者应该处于一种平衡状态，既要直面即将来临的死亡，也要尽可能充实地生活。他说："你要面对生命即将结束的事实，制订好计划，配合医生治疗癌症。"患者通常需要处理一些身后事：解决财务问题，撰写或更新遗嘱，制订葬礼或纪念计划。他们的生活也会因为预约医生和治疗而变得繁忙。不过，罗丁提醒患者，他们需要为社交、有意义的活动及思考储备能量。"如果患者不去思考关于癌症和死亡的事情，就无法提前做好计划，当这一天真正来临的时候就会崩溃。那些被死亡吞噬的人，那些每时每刻都在想着死亡的人……他们已经放弃了生活。"罗丁和他的同事认为，患者在两个方面都要做到，即他们要有双重意识。

在生死之地不懈斗争

在那个人们要在医院里度过生命的最后几天、几周或几个月的时代，科伊尔曾是绝症患者病房里的一位护士。她开始注意到这些患者要吸收多少信息，并留意他们要与多少专家和工作人员进行交流。她说，当一天结束的时候，"我们会看到患者沉默地坐在床头，安静地消化当天得到的信息……那些不同的医学专家……给他们的信息，那些信息要么是口头上的，要么是其他形式的"。

科伊尔开始抽时间和患者聊天，看看她是否能理解他们的想法和感受。她通过谈话深刻地意识到，这些绝症患者都非常努力。他们在考虑自己的疾病会给工作和家庭带来什么影响。他们想要保护家人，供养家庭，努力适应自己不断变化的家庭角色。他们要对自己的医疗护理做出复杂的决定。科伊尔说："他们每天都从不同的渠道获取大量的信息，因此有很多事情要做。"她指出，患者必须在精神上警惕交流中的细微差别，因为他们会从人们的表情、语调和行为中收集到一些非言语信息，这些信息有时与人们所说的内容相互矛盾。"他们当然知道每个单词的意义，如果他们说了某些事情，那么这可能会影响他们所接受的医疗护理。"她认为，患者知道如果自己抱怨疼痛，那么有可能延长或挽救他们生命的化疗将可能会被搁置，直到患者的疼痛感减少。

科伊尔最终决定要对临终患者进行研究。她多次采访了7名患者，想知道病情是否影响了他们对生死的态度。她写道："他们挣扎在对死亡的恐惧中，身患多种病症，还要决定自己是否接受紧急治疗，并适应自我、家庭和社会关系的改变。"当这些患者处于人生中最脆弱的节点时，他们的压力也增加了。"这些陌生的事情压在了脆弱的患者身上，但他们仍在为了生存而斗争。"

科伊尔了解到，最消耗患者时间和精力的事情就是重新掌控生活。

失控

绝症患者的不同之处在于，他们非常清楚自己的死因。尽管他们也可能会死于车祸或其他意外事故，但和大多数人相比，他们更清楚自己的死亡时间——很快。

绝症患者也很矛盾。他们知道自己即将死去，但并不知道确切的时间究竟是几周后、几个月后还是几年后。临终患者认为，带来痛苦的主要因素正是这种不确定性。"胃里就像埋了一颗定时炸弹，"某位患者曾在研究中表示，"你知道那里有个肿瘤，它随时都有可能爆炸。"

罗丁和他的同事曾对癌症晚期患者进行了研究。他们发现，这种不确定性一直贯穿在患者的失控感中：患者并不清楚自己病情的恶化速度，也不知道自己能做些什么。这意味着他们不知道自己能否继续工作或参与活动。他们既不知道自己什么时候会丧失独立旅行、走路或生活的能力，也不知道自己什么时候会连大小便都无法控制。

我的一位朋友在被诊断为癌症晚期后，仍然进行着户外运动。就在离世前的那一年，她还在大峡谷漂流，在偏远地区滑雪，四处徒步登山。在她生命的最后几个月里，癌症开始迅速恶化，这让她和丈夫措手不及。她原本处于活跃的运动状态，现在突然启动了死亡进程，这令人感到惊讶和不安。

临终关怀安养院的患者和他们的家属有时也会经历这种无法预料的意外。尽管患者知道自己身患绝症，但当病情开始迅速恶化时，他们仍然会感到震惊和不安。患者及其家属会说，他们想到了这种变化，但以为它或许会来得晚一些——再过几个月，抑或再过一年。

罗丁的研究发现，与死亡相比，不确定性给患者带来的沮丧感更多。因此，患者最频繁提到的目标就是在某种程度上控制死亡。他们想要通过积极治疗或自杀来达成这一目的，但几乎没人会选择自杀。即使化疗会引发严重的不良反应，而且收效甚微，患者也会选择继续治疗。研究人员解释说，虽然患者有时会把化疗看作救命之道，但其中还有另一个动机，"这不仅反映了他们对生的渴望，也反映了他们对无法控制死亡过程的恐惧"。

最终，这些治疗提供了一定的控制感。一位患者说："这就像一场豪赌，因为你不知道会发生什么，没人知道会发生什么。万一出现坏的结果——砰！你完蛋了。"

罗丁和他的合著者指出，患者试图通过积极治疗来重新获得生命掌控权，这种做法有时会给医疗保健系统带来难以承受的压力，"正如一些研究者所说，最大化治疗策略需要大量的时间和精力，就像'全职工作'一样"。化疗不仅会让患者变得虚弱，而且会引发不良反应。协商更多的诊所和医疗专业人员也需要付出巨大的努力。在这项研究中，约有半数的患者对治疗持有不同的观点，并且经常去找其他医生处理化疗的不良反应。特别是对于那些需要抚养孩子或供养家庭的患者来说，寻求最好的治疗方法和疾病治疗本身迫使他们的生活进入一种超负荷的状态。

有时，患者想知道自己为什么罹患绝症，并借此来重新控制自己的生活。他们想知道这究竟是谁的错。一位患者认为，如果是压力导致了他的疾病，那么减压或许能起到治疗的作用。他说："关于压力是否会引发淋巴瘤，人们并没有一致的说法，但它本质上是一种淋巴系统和神经内分泌疾病。既然我的精神让我患上了淋巴瘤，那它也可以治愈淋巴瘤。我必须改变我的生活方式。"

另一位患者在讨论医疗系统是否在一定程度上导致她身患绝症时这样说："我会责怪别人，也会自责，一切都乱糟糟的，但我可能很快死去这件事儿，都是别人的错。"

你的人际关系会发生变化

当你得知自己即将离世时，受到影响的不仅是你，还有你的家人和朋友。虽然他们会成为你的力量源泉，但是你们之间也会产生争执。在一项针对卵巢癌患者的研究中，一位患者告诉研究人员，她的疾病既让她与丈夫的关系更亲密，也给他们两人带来了压力：

> 当我被确诊为卵巢癌后，我们不再为是否把衣服从地上捡起来这种小事而争吵……因为我们相爱，我们现在还拥有彼此，尽管谁也不知道这种关系会持续多久。为此我们承受了很大的压力，感到非常害怕，以至于我们就像扼住了对方的喉咙。你知道，这真的令人感到压力很大。

研究表明，当患者的病被确诊后，家庭对他们来说往往会变得更加重要。人们意识到全家人在一起的时间是有限的，不希望把时间浪费在无所谓的小事上，而是要多抽出些时间来陪伴彼此。

亲朋好友在患者生活中所扮演的角色也变得比以前更加重要，但具体情况还要视患者对疾病的反应而定。患者认为，人们对待他们的态度与对待正常人的态度不同。一位女性患者告诉研究人员："我的病让我意识到待在癌症患者身边的人会有多么不舒服，这是一个挑战，只是为了……试着和我认识的人打破这种关系……我认识的人都想躲开我……这真令人惊讶"。研究还发现，患者也说到会有意想不到的人站出来。正如另一位女性患者所说，卵巢癌"虽然让她与一些人失去了联系，但也让她与另一些人的联系变得更加紧密"。

有些人我们再没联系。有些人面对我患病的情况不知如何应对。这虽然可以理解，但也令人非常不安。其他认识的人可能会说，"我改天再去看你，实在是没时间"。

至少有一项研究表明，癌症患者从家人、朋友和医护人员那里得到的社会支持比健康人得到的要多。患者的病情越重，得到的社会支持就越多。

在人际关系方面，患者最担心的其实是对他人的依赖。他们担心自己成为一个负担，担心随着病情的恶化，别人不得不照顾自己，担心自己不能承担家庭责任。

患病使患者的家庭角色发生了转变。一些患者曾是家庭支柱，但随着身体日益衰弱，他们逐渐丧失了劳动能力，甚至需要他人照顾。虽然家人很乐意去照顾他们，但这并不意味着双方没有压力。

艾拉·比奥格医生曾写过大量有关死亡的文章，他认为，即使绝症患者已经成为一个负担，他的家人和朋友也能从照顾他的过程中获益，"当我们患病的时候，允许他人关心和照顾我们，对维系社区的福祉而言至关重要。其实，拒绝关心会破坏维系社区的纽带"。

比奥格表示，他在临床工作中经常会遇到这种害怕成为别人负担的患者。他的父亲在离世前也曾这样对他说："我现在的情况太差了……带我去医院吧，他们会照顾我的。"

比奥格记得，当时他告诉了父亲自己的打算："我们会把你送去医院，给你打抗生素，再把你送回新泽西州，然后我们一起坐飞机旅行，我相信你的身体肯定没事。你知道，我们可以把你送到当地的医院住院，但你可能会在医院去世。"

比奥格告诉父亲，自己想在家里照顾他。"他看着我，然后把目光从我身上移开，直直地盯着他的床脚。他再没有回头看我，只是点了点头。"

比奥格觉得，他的父亲之所以同意待在家里，是因为他意识到这是家人最想要的。"他发现我们需要更多地关心他，而不是逃避。在那个时候，待在家里对我们来说反而比对他来说更重要。所以，他同意了，这真的是一份给我们的礼物。"比奥格观察到，当患者担心自己给家人带来更多的麻烦或压力时，家人通常会告诉他："哦，不，我们真的很想照顾你。"

我还瞥见一些家庭成员目睹了所爱之人在生死间隔中苦苦挣扎，却做出了不完美的反应。一位男子在看到坐在轮椅上的弟弟时显然感到不舒服，他花了大部分时间玩手机。他的弟弟只剩下几天的生命了，他却不能放下手机和他聊聊天。在另一个案例中，一位女子找了一个又一个借口，直到最后一刻才去看望垂死的姐姐。一到那里，她就泪流满面，只停留了一会儿就走了。

我还注意到，一位住进临终关怀安养院的父亲每天都会接到他那关系疏远的女儿的电话，而另一位男子从失联的老父亲那里收到了两大盒饼干。一般来说，人们总是能应付自如。正如比奥格观察到的那样，尽管有许多困难和麻烦，但大多数人还是想照顾他们快要离世的家庭成员。

逐渐习惯生死之地

为了可以陪伴我的母亲，我不得不请求她把化疗安排在我的教学日程之外。这并不是因为母亲关心自己哪一天要接受化疗，而是因为她不想成为一个负担。就像许多其他患者一样，我的母亲希望在疾病的限制下尽可能得到正常的对待。她会穿着裙子和高跟鞋去参加化疗，保持整洁、镇定的外表。

谁能想到你会习惯在诊所里坐上 5 个小时，看着一个瓶子慢慢地把毒素滴入你的静脉？接受化疗的人都是这样做的，我的母亲至少从表面来看也是如此。要么我们一起读书，要么她睡觉，我批改试卷。有时我们会谈论她的癌症，谈论她是否害怕死亡（她的回答是不怕），谈论死亡会是什么样子（对我来说最困难的是想象家里没有她），谈论我们多么爱对方。然而，我想我们也做了很多伪装。无论是我和家人为了她，还是她为了我们，大家都假装她没有处在生死之间。我们常常在伪装自己方面太过成功。

生活在生死之地并非易事。然而，这也不一定是不快乐的或者没有回报的。研究表明，这个阶段的生活有时确实是我们想象的那样，但在其他方面可能与我们的期望和假设完全不符。

就生死间隔等各个死亡阶段的体验来说，还有一种要素也能产生极大的影响：我们度过生命最后几周或几天的地方。

4

回家：

人们离开世界的地方

2005 年年初，我的母亲终止了长达 6 年的化疗。此前我们见了她的肿瘤医生，他让我们考虑一下是否停止化疗。我的母亲回家后查询了其他的治疗方法及其潜在的不良反应。她觉得自己越来越虚弱，有些疗法的不良反应会让她更加虚弱，而且随着时间的推移，疗效会越来越差。她觉得自己受够了。

当我们再次约见肿瘤医生时，我的母亲问他，我们应该在什么时候给临终关怀安养院打电话，医生的回答让我们大吃一惊——现在。

但是，这个消息并没有让我们难以接受。几年前，另一位肿瘤医生曾明确表示，虽然治疗可以延长母亲的生命，但她的癌症是不可治愈的。可即便如此，医生让我们立马就给临终关怀安养院打电话的那一刻还是令人感到猝不及防。在母亲生病的整个过程中，我们似乎只用暗语来谈论死亡。然而现在，医生的话响亮而又清晰地告诉我们，"你已经有资格接受临终关怀"意味着"你即将离世"。

据我所知，我们全家人还没有谈论过死亡的具体细节。我的母亲曾说过，只要生活质量好，她就会一直接受治疗。我们既不知道那一天什么时候到来，也不知道它的直接影响是什么。虽然我们没聊过她应该在哪里去世，但是我觉得大家都认为她会在家里离开这个世界。

你想在哪里去世？

琼·哈利法克斯请一组健康专家描述他们理想中的死亡环境，并在纸上记下了他们的描述。

哈利法克斯是一名佛教徒，她每年都会组织一场主题为"与死亡同在"的研讨会，致力于改善临终患者的体验。她还会在演讲中穿插自己的生活故事：她和死囚一起工作的 6 年，她与精神病学家斯坦尼斯拉夫·格罗夫的婚姻，以及他们二人曾一起研究的针对临终患者的迷幻疗法，等等。

现在，哈利法克斯请大家举手表决：有多少人想在家里离世？

几乎每个人都举起了手。

有多少人想在自己最喜欢的地方离世，比如家庭小屋或海边别墅？

零星几个人举起了手。

有多少人想在户外离世？

两个人举起了手。

有多少人想在医院或其他机构离世？

没人举手。

她说："其实，许多人都会在医院或其他机构离世。"

美国疾病预防与控制中心的最新数据显示，约有80％的美国人表示自己想在家里离世，但只有30％的人能真正做到。

"你可能会觉得这很失败，"罗丁说，"在某些情况下，由于准备不足，人们可能会在家中离世。当然，如果制订好计划并安排好资源，人们也很容易就能做到在家中离世。不过，我认为这更多的是一种观念的改变。"

当人们接受想在哪里离世的调查时，他们往往还很健康。这个问题就像是一个假设。"好比有人问你生孩子的时候是否想减轻疼痛，"罗丁解释道，"即使拿同样的问题问同一个人，怀孕之初和分娩之时得到的答案也可能不同，因为你只是在想象它会是什么样子的。"

罗丁认为，甚至连那些生命只剩一年的患者都不一定了解死亡的含义。当人们思考关于怎样离世、在哪里离世的问题时，往往觉得到那时自己会有与现在相似的能力和愿望。然而，现在想在家中离世的你与未来某个时刻即将死去的你，可能在想法上大不相同。你很难知道到时候自己的需求和愿望会是什么样的。

无论你的愿望是什么，你都很难提前知道自己将在哪里度过人生的最后一段时光。20世纪90年代，一项针对即将离世的美国人的大规模研究发现，人们对死亡地点的个人喜好与实际的死亡地点之间基本上没有什么关系。相反，社会习惯与实际的死亡地点关联更大：如果当地医院有很多病床，而且大多数社区成员也都在医院离世，那么，无论个人喜好是什么，患者都更有可能在医院告别人世。

除暴毙和意外事故死亡外，人们通常会在以下四个地方离世：医院、家里、临终关怀安养院或养老院。

重症监护室：为什么人们不想在医院离世？

美国韦恩州立大学的护理学教授玛格丽特·坎贝尔在姑息治疗领域奋战了40多年，她认为重症监护室里的患者遭受的折磨最多，但任何事情都有两面性。坎贝尔说："为了挽救患者的生命，重症监护室里的患者在死前将接受一系列维持生命的治疗，比如给患者插上呼吸机、导管和线。这些治疗都很痛苦。无论潜在的状况是否会引起疼痛，抢救的过程都是很痛苦的。"

布朗表示，以美国的现代医疗体系为例，大家总认为增加医疗救助是正确的做法。如果治疗在延长患者生命方面有一丁点儿的好处，那么，即使你身患绝症，生命只剩下几周甚至几天的时间，医生也不想放弃。正如琼斯所说：

我认为，就美国而言，19世纪最大的不同之处在于约有90%的人都在家里离世，这一数字甚至可能达到95%。因此，我怀疑那些死于衰老、苦闷和虚弱的人不会去寻求医疗救助，也不会去看医生。医生会说，"是的，这个人老了，生命垂危，就让他舒服点吧"，然后一切就结束了。然而到了20世纪，这几类的濒死之人都进入了医院。一方面，人们正试图把患者从医院里撵出去。另一方面，在患者进入医院后，人们反而担心那些极端的抢救方法，担心医生不让患者离开。我想19世纪的人们并没有考虑过这个问题。

当你觉得呼吸困难时，可能会意识到自己已经濒临死亡，这也是患者进入重症监护室的最常见的原因。如果患者没有明确的要求或者其他方案，那么，医生会对每位患者实施相同的急救措施。他们会为患者插入一根呼吸管，连接到机械呼吸机上。

在这个过程中，医生首先要给患者注射镇静剂。"医生必须先让患者停止呼吸，然后用呼吸机替代自主呼吸，如果患者排斥呼吸机并自己呼吸，那样就很难做到同步了，"布朗解释道，"接下来将患者的头部向后倾斜，把带着长叶片的金属器械喉镜插入呼吸管，让它依次通过患者的咽喉、声带，最后到达两条主支气管的两条分支上方。当喉镜到达这个位置后，再做胸部 X 射线检查，确保呼吸管处于正确的位置。然后听一听患者肺部的声音，确保两边得到了均匀的氧气，再将呼吸管连到呼吸机上。此时，患者仍然处于镇静麻醉的状态。"

插入呼吸管需要 5~10 分钟。它能有效地增加患者血液中的氧气含量，缓解呼吸困难的症状。但它是侵入性的，会令人感到不适，而且对于身患绝症的患者来说，这个过程又会产生新的问题。

"对插管说'是'意味着对许多其他事情说'不'，"布朗解释道，对于医生来说，"一旦你同意插管，你说'不'的第一件事就是保持患者清醒，而清醒对很多濒死之人来说非常重要。患者可能有话想对在场的家人说，或者只是不想在事情发生时失去意识。所以，这是你要说'不'的第一件事。"

"你要说'不'的第二件事是死亡，本质上你是在延长患者的生命。"布朗认为，插管是通过医学方法来干扰死亡，一旦医生给患者插入了呼吸管，"自然死亡过程就会受到干扰"。如果医生没有介入，患者没有使用呼吸机，那么患者的血氧水平会越来越低，直到他失去意识。他会逐渐呼吸减慢，然后死去。

但呼吸管延缓了死亡的进程。一旦医生给濒死之人插上了呼吸管，那么重症监护室的工作人员和家属就得决定是否移除它、何时移除它。人们往往很难做出决定，因为这涉及决定他人的生死，而不是简单地听天由命。

此外，一旦患者使用了呼吸机，就不能去其他地方。布朗继续说道："你把他们送到了重症监护室，他们很有可能死在那里，但很多人都不愿意在重症监护室里度过生命最后的时光。我认为很多人都渴望在家里离世——你正在剥夺这种意愿。"

当然，患者在医院离世的情况有好几种，在重症监护室里接受侵入性治疗并不是唯一的形式。患有绝症的人也可能愿意在医院离世。

有时医院是最佳的离世地点

医院能够提供技术、设备、专业知识和 24 小时看护服务，而大多数机构或家庭都无法满足这些条件。有时，在医院离世要比在家里离世好。对于患者和护理人员来说，一些麻烦、可怕的症状很难在家里得到控制。

虽然临终关怀工作人员比一般的医生或护士懂得更多关于死亡的专业知识，但是医院的医护人员往往具备更多的专业医疗技能。许多临终关怀安养院并不会为患者提供居家静脉注射服务，而在一些极度疼痛的情况下，医院的姑息治疗专家能够更好地治疗患者。姑息治疗是一门专注于疼痛和症状管理的学科，旨在帮助重病患者解决心理、精神和身体上的问题。现在，开展姑息治疗的医院越来越多。罗西尼奥尔认为，临终关怀只是姑息治疗的一个分支。所有的临终关怀都是一种姑息治疗，但姑息治疗并不都是临终关怀。姑息治疗师接受的培训包括向重病晚期患者讲述他们所面临的选择，以及针对疼痛等症状开展治疗。

澳大利亚肿瘤学家兰贾娜·斯里瓦斯塔瓦曾在《卫报》上发表了一篇文章，讲述了3位患者想在家里离世，最终却在医院离世的案例。这些患者都在终止医学治疗后接受了姑息治疗。但在最后时刻，他们却选择在医院离世。斯里瓦斯塔瓦给出了如下解释：

> 显而易见，医院给患者提供了临床服务。那里有体贴的护士、警觉的医生，能够进行24小时监管、及时缓解患者的症状。那里还有社会工作者和牧师，他们在面对死亡时依然镇定自若。

斯里瓦斯塔瓦承认医院并不完美，但它能减轻家属的负担，并提供较高水平的专业护理。或许你还想在家里离世，但她认为这并不现实。原因可能是你家里没有照料者，也可能是你改变了主意。

即使家人做好了照料患者的准备，患者本人也常常担心自己会成为家庭的负担。也许，他们更看重专业人士的客观观点。3位英国研究者就癌症患者对死亡地点的喜好进行了分析，结果发现，"对于那些认为不应该由自己的子女或兄弟姐妹进行看护的患者来说，他们更想去专业的机构接受临终关怀，包括诸如上厕所、洗澡、清理粪便和呕吐物等护理"。

直到最近，发达国家的大多数患者还是选择在医院离世，但这一趋势正在改变。20世纪80年代，美国在急诊医院去世的人数比例最高达到了54%，其中死于癌症的人约占70%。随着临终关怀事业的发展，越来越多的患者得以在养老院或家里去世，美国在急诊医院去世的人数比例已经下降到了22%。

家里的临终关怀

作为一位临终关怀志愿者，我拜访的患者大部分都在家里。当第一次敲门的时候，我只知道患者的名字和病情，除此之外一无所知。每位患者都是独一无二的，病情也各有不同。下面是一些例子：

- 有一位 50 岁的男性患者，没有妻子和孩子，他的兄弟姐妹也住得很远。邻居同意照顾他，因此，他可以在家里离世。

- 有一位女性患者住在自己家里，由亲戚照料。当我在 6 月去她家的时候，看见房间里摆满了家具和圣诞装饰品，地板上也到处是垃圾。过了一周，当我再去看望她的时候，发现床边的梳妆台上的一根鸡骨头还放在原位，我顺手把它扔进了垃圾桶。她最终被成人保护服务机构转移到了一家养老院。

- 有一位男性患者和他的妻子住在舒适优雅的家里，从窗户里就能鸟瞰整个城镇。

- 有一位女性患者住在经济适用楼的小公寓里，女儿暂时和她住在一起。女儿白天要去工作，便将志愿者和自己看护的时间错开，以确保母亲身边一直有人。

- 有一位女性患者独自住在一间小房子里，距离儿子和儿媳的房子仅有几步之遥。

这些患者能在家里度过生命最后的时光实属不易，但他们和家人都愿意这样做。对于世界各地的发达国家来说，住院治疗在过去数十年里一直是临终患者的不二选择，而如今，在家里离世的选择刚刚开始复兴。姑息治疗是一个相对较新的专业。欧洲国家的居民普遍被纳入了医疗保健系统，患者所承担的姑息治疗和临终关怀的费用可能更少。在美国，姑息治疗和临终关怀的花费主要是由医疗保险承担的。这使得包括我的服务对象在内的成千上万的临终患者能在家接受临终关怀。美国临终关怀和姑息治疗组织的最新数据显示，85% 的临终关怀患者的花销最终由医疗保险买单。自从 1983 年美国国会规定医疗保险福利应包含临终关怀以来，该组织在很大程度上就受到医疗保险和医疗补助的政策引导。

如果你想用医疗保险来报销这笔钱，就得有 2 位医生证明你的预期寿命只剩下不到 6 个月的时间。这是最关键的一步，也是最艰难的一步。对于患者来说，仅仅是身患绝症就让人难以接受，更别提死亡日期了，即使它只是大概的死亡日期。这对于医生来说也不容易。预测的日期一般都比较乐观，因此并不准确。而且医生很难转换角色，他们前一秒还在积极地和患者讨论着治疗方案和治愈希望，下一秒就得让患者去接受临终关怀。

此外，医疗保险还有一项令人讨厌的规定：患者必须同意不再接受任何延长生命的治疗。我的母亲在咨询临终关怀之前就已经决定停止治疗了，但对于其他患者来说，这是一个附加障碍。即使医生宣布，患者的生命可能只剩下不到 6 个月的时间，很多人仍然在寻找积极的疗法。他们不准备放弃寻找灵丹妙药。这就是很多患者至死都不愿意接受临终关怀的一个重要原因：他们觉得这意味着放弃生命。

随着时间的推移，临终关怀患者不能继续接受治疗的规定已经放松，相关款项也逐渐被医疗补助和大多数私人保险纳入其中。现在患者可以接受一些具有治疗潜力的方法，比如放疗，但前提是治疗的主旨是减轻疼痛或其他症状。

另外，临终关怀并不是最后的选择。每过 60~90 天，医生就会对患者重新进行一次评估，如果医生认为病情有了显著的改善，这些患者就会从临终关怀安养院"毕业"。无论在任何时候、以任何理由，患者都可以终止临终关怀。如果患者改变了主意，想去接受临床实验或治疗，就可以离开临终关怀安养院。当然，患者还可以再回来。

美国临终关怀和姑息治疗组织的最新数据显示，约 40% 的临终关怀患者接受临终关怀服务的时间不到 2 个星期。只接受几天的临终关怀意味着这些患者并没有享受到该政策的大部分好处，比如，缓解疼痛和症状的专业护理，社会和情感支持，以及接受某个主要医疗机构的长期照顾。

华盛顿大学教授琼·特诺说："如果想真正了解临终关怀，那么你至少需要接受 3 天的服务。"当患者被纳入临终关怀时，患者家属认为，在家里接受临终关怀服务是最好的选择。特诺参与的一项全国性研究发现，如果有临终关怀的参与，那么家庭成员对患者接受到的护理的满意度是没有临终关怀参与的 2 倍。

现在回想起来，我不记得自己当时是否有意识地为母亲选择去世的环境：当然，她会留在家里。她有很多亲朋好友，大家都能在家里照顾她，而且她的乳腺癌病情比较稳定，她很清楚什么时候该放弃治疗。就像我接触过的很多临终关怀患者一样，在家接受临终关怀服务对母亲来说是一个很好的选择。患者家属常常对临终关怀工作人员大加赞赏，感激之情溢于言表。他们感谢每一位护士、社工、志愿者。当然，临终关怀并不完美。它所需要的东西和所提供的东西有时也会让人措手不及。

临终关怀的运行方式

临终关怀通常开始于医生转诊后的一两天。阿彭策勒说，她经常会这样宽慰别人："今天医生和你谈过吧，这个预后令我深感遗憾。"她也会跟对方说："很遗憾在这种情况下遇见你。这是一段艰难的时光，我会帮你渡过难关，完成心愿。"

当护士或社工出现在你家时，你们要一起弄清楚究竟想要或需要什么，以及临终关怀能提供什么。你可能需要止痛药，大多数临终关怀工作人员都很擅长缓解疼痛。

如果你需要的话，临终关怀还会为你提供轮椅、氧气罐、床头柜等设备。如果你想要的话，甚至可以得到一张医院病床。当临终关怀护士第一次向我们提到医院病床时，我们都很不解，并拒绝了这个提议。毕竟，我的母亲为什么不睡在自己习惯的舒适大床上，躺在父亲的身旁呢？护士只是点了点头，说如果以后我的母亲需要的话还可以再申请。后来，我们申请了医院病床，这样她在起身和躺下时会更容易一些。虽然即将到来的死亡令人心碎，但从那时起，我的父母就已经进入了两个不同的境地——我的父亲仍然忙于社交，而母亲进入了垂死的世界。在这种情况下，临终关怀工作人员比我们更清楚我们需要什么，但也要先等我们准备好。

患者可以决定自己需要什么样的临终关怀服务。你会接触到一系列工作人员：护士、家庭健康助理、社工、医生、牧师和志愿者。他们可以帮你完成洗碗等家务，也可以在监护人休息时陪在你身边。纽约临终关怀安养院的医学主任弗雷德·施瓦茨认为，跨学科团队是临终关怀安养院最重要的组成部分之一。在跨学科团队的参与下，临终关怀所关注的不仅仅是患者的身体健康。"他们还会照顾到患者的情感和社会需求……患者在社交和精神方面的生活动态是怎样的呢？当有人不得不离开这个现实世界时，会发生什么呢？关于这个问题，我该和谁谈呢？"施瓦茨认为，临终关怀不仅仅是为患者准备的。"它是面向整个家庭的，无论家庭的概念是什么——重要的另一半、朋友、子女、其他传统家庭成员——无论这种动态是什么，无论患者在哪里，临终关怀工作人员都会和社区里的其他人一起工作。"

对于很多人来说，临终关怀的本质就是得到护士和家庭健康助理的照顾。他们已经习惯了面对死亡，知道如何才能让患者更舒适和放松。护士虽然不能 24 小时在岗，但如果需要的话也能半夜来访。他们每周要去临终关怀患者家里探访 1~3 次。家庭健康助理还会提供额外的探访服务——纽约在这方面非常慷慨，助理每周要探访 5 天。

"但真正令人惊讶的是，临终关怀工作人员并不会每天 24 小时在岗。"阿彭策勒说道。护士和家庭健康助理都不会每天 24 小时在岗，这是临终关怀目前面临的另一个困难。在大部分情况下，临终关怀并不会提供全天候护理。当然也有少数例外，比如，危险期患者可能在短期内得到持续的家庭护理。医疗保险将为此买单。在这种情况下，当患者被临时转到养老院或医院时，监护人可以休息几天。

因为临终关怀一般不提供全天候护理，所以大多数接受居家临终关怀的患者需要有自己的监护人。通常情况下，家属很乐意照顾患者。然而，对于那些配偶身体不好或者家属需要外出工作的患者来说，这很难实现。而且，由于一些患者独自生活，非全天候护理可能会成为他们在家里享受临终关怀的阻碍。

这种特殊的临终关怀框架一般假设临终关怀患者都有自己的监护人，但也会有不同的情况。毕竟，它最初模仿的是著名的圣克里斯托弗临终关怀安养院——英国医生西塞莉·桑德斯在伦敦创办了该医院，患者可以住在此处，并享受 24 小时护理。

临终关怀简史

桑德斯曾在伦敦的其他临终关怀安养院与患者打过交道，她最初的灵感也是来源于此。后来，她把精力集中在创建圣克里斯托弗临终关怀安养院上，希望能在那里开展她的研究，并将成果用于帮助患者。这是一件很有意义的事。在英国，住宿式临终关怀安养院仍然为濒死之人提供了相当大比例的护理，它是患者居住并接受姑息治疗的地方。

20 世纪 70 年代初，美国的情况也是如此。当时，美国刚刚设立临终关怀服务机构。哈伦贝克曾在一部关于退役军人临终关怀的历史的书中写道："当时，几乎所有的临终关怀安养院都是住宿式的，和英国圣克里斯托弗临终关怀安养院的模式非常像。"

但是，美国的临终关怀和英国的临终关怀选择了截然不同的发展路线：英国的临终关怀是由政府通过国家医疗服务体系来运营和维护的；在美国，医疗保险或医疗补助承担了临终关怀的大部分费用，但不参与相关机构的运营。私人医院或非营利性组织负责监管美国的临终关怀；不过，现在越来越多的营利性组织也参与了进来。

随着美国临终关怀体系的构建，各种观点和实践的矛盾层出不穷，反对该制度的呼声和对成本的担忧交织在一起。人们把临终关怀设想成让患者在家里去世，因此医疗保险福利通常不包含食宿。不过，哈伦贝克指出，退役军人的临终关怀包含食宿，他们都生活在住宿式临终关怀安养院。美国大部分地区的临终关怀已经演变成了一种特殊的护理，而不是一个专门的地方。

美国也有一些住宿式临终关怀安养院，而且设置特殊临终关怀病房的医院也越来越多。例如，杜兰戈市仁爱临终关怀中心刚刚斥资 560 万美元（约合人民币 3780 万元）建造了一个拥有 8 张病床的先进的临终关怀病房。这是一幢田园风格的建筑物：有宽敞的私人卧室、冥想室、可供亲朋好友使用的厨房，以及可供来访者休息的客厅。阿彭策勒对此提出了自己的观点：

我认为临终关怀安养院和居家护理的显著区别在于，临终关怀安养院的工作人员会真正参与患者及其家庭的方方面面——好的、坏的、丑陋的。例如，如果接受居家临终关怀的患者打电话来说明情况，我们发现问题后就会安排社工去患者家中，而社工大概停留 1 个小时便会离开。但在临终关怀安养院，这种服务从来不会停止。

例如，某个家庭的情况非常复杂，家属很多，你必须弄清楚谁应该照顾患者。我知道了这个情况，牧师也知道了这个情况，社工也知道了这个情况。然后，我给社工打了电话，一起登门拜访了患者。1 号家庭说了一件事，但在此过程中我们必须让2号家庭远离，因为1号家庭才是监护人。社工说："2号家庭的一家人也很善良。"我说："是的，他们的确很善良，但2号家庭不是监护人，没有法律权利。"

在患者接受居家护理时，你终究是要离开的，就算你在那里待了2个小时才走，但离开便意味着关怀工作的结束。你不知道3个小时后，"坏家庭"是否会来到这里。如果患者住在临终关怀安养院，你就会知道一切，因为其家人总在那里，你会了解他们。这是一种完全不同的关系。

1987年，艾滋病暴发后不久，佛教徒在旧金山创立了禅宗临终关怀安养院，后来该安养院演变成了一个独立的非营利性机构。直到20世纪末，这里开始提供另一种住宿服务。这栋维多利亚时代的两层楼建筑在医疗基础设施上看起来可能不太正统，比如陡峭的楼梯和不稳定的电梯。但是，这里的护士和助理能提供全天候的服务，舒适的环境让患者感到就像在家里一样。厨房的工作人员会准备饭菜，客厅里经常弥漫着烘焙糕点的香味。禅宗临终关怀安养院看起来几乎是完美的。然而，它的6张病床很少住满。2018年春天，该机构不再接收患者。秋天的时候，那栋楼也被卖掉了。

旧金山和杜兰戈的这两家住宿式临终关怀安养院的食宿费用

并不包含在医疗保险、医疗补助和大多数私人保险之内，患者需要自理。这些机构面向患者的收费往往是浮动的，因此，住宿式临终关怀安养院对于许多人来说根本不是一个可以负担得起的选择。

这就是美国现在有 70% 的患者在家里接受临终关怀服务的原因之一。在家里接受临终关怀服务听起来要比待在机构里好，而且在很多方面的确如此。特诺参与的一项研究表明，当患者在家里接受临终关怀服务时，他们的家庭需求得到了更好地满足。彼得·罗加茨是纽约州生命终结选择组织的联合创始人，曾担任长岛犹太医疗中心的主任。他认为，患者在熟悉的家庭环境下会感到更加舒适。此外，监护人也能更快、更直观地回应他们的需求。"当你在家里的时候，无论你接受的是临终关怀还是日常家庭护理，负责给你喂药的人（如你的配偶、表兄弟、女儿）都会确保你按时吃药，关心你痛不痛苦。如果你想要一个便盆，他们马上就能拿来，不会让你等上半个小时。"

凡事皆有例外。英国研究人员克里斯蒂安·波洛克指出，对于一些患者来说，选择在家里离世可能无法享受好的护理。他写道："在家里离世并不一定是件好事。患者可能会感到孤独，不能得到足够的精神支持，处于痛苦、悲伤和恐惧的情绪之中。关于居家离世的理想化描述往往没有意识到患者忍受着极度疼痛和不适的现实。"哈伦贝克写道，如果你患有使人衰弱的慢性病，长期依赖他人，那么你很有可能在某个机构里离世。在类似情况下，这可能是一种更好的离世方法。

转移

2010 年，美国疾病预防与控制中心发布的一份报告似乎给那些临死前不想接受积极治疗的患者带来了福音。报告显示，越来越多的患者选择在家里离世，临终关怀和姑息治疗的使用率也在不断增加。一项与癌症患者死亡相关的研究表明，美国是 7 个发达国家中医院死亡人数最少的国家。研究人员得出结论："临终关怀的演变反映了患者对死亡地点的偏好和选择。"

特诺指出，死亡地点并不能说明一切。她和同事检查了医疗保险记录，这些记录能够反映患者在离世前的 3 个月里去过的地方。他们发现，11% 的患者在离世前的 3 个月里接受过 3 次以上的住院治疗。此外，从 2000 年到 2009 年，在离世前的 72 小时里被转移的患者增加了 36%。

特诺形容这种现象为"老一套的烫手山芋把戏"：医疗保险为每位患者准备的补偿金是固定的，与住院时间无关，因此，如果一个机构能早点把患者送回家或移交到下一个机构，就可以节省更多的钱。她说："每个人都在和他们打交道，但却没人真正关注整个过程是否顺利进行。"

最重要的是，转移对患者来说非常困难。特诺认为，"从一个地方转移到另一个地方对患者和家属来说，都不是一件容易的事情"。

特诺和她的同事在另一项研究中指出，在家里离世的美国人越来越多，在医院离世的美国人越来越少，同时，在养老院离世的人数也在不断攀升。

养老院 *

研究人员唐秀治认为，"与一般的刻板印象相反，在养老院离世并不是最坏的情况"。她对癌症晚期患者进行过调查，询问他们更愿意在哪里离世。"相反，对于部分癌症晚期患者而言，养老院可能是最适合的地方。"

作为一位临终关怀志愿者，我发现住在养老院的患者有时也能登记临终关怀。以下几位是我在养老院探访过的临终关怀患者：

---

* 虽然美国的养老院和辅助生活社区有很大的区别，规章制度也不相同，但在此处，这两个词基本上可以互换，都是指专门照顾丧失生活能力或需要长期护理的人的机构。

- 有一位患者独自居住在舒适的养老院，他大部分时间都在自己的小客厅里看电视。

- 有一位女性患者和健康的丈夫住在养老院的套房里。他们每天都一起坐在客厅的安乐椅上度过时光。当她晚上睡不好觉的时候，他就会搬到另一间卧室里。后来，她不再做饭，也吃不了东西，他便穿过走廊到自助餐厅吃饭。

- 有一位男性患者住在养老院里，没有亲朋好友来看望他。他患有罕见的帕金森病，只会说"不"。工作人员不喜欢他。一位助理告诉我，如果不仔细照看，他就会在吃饭的时候吃掉餐巾纸。甚至有一次他试图吞下护士站的电话听筒。

虽然养老院有时会耗尽一个家庭的积蓄，但还算是一个可以负担得起的选择。这取决于以下几个因素。在美国，如果患者住院超过3天而且需要专业的护理，那么医疗保险最多可以报销20天的费用。在此之后，如果有必要的话，那么医疗保险还可以再报销80天的费用，但患者也要承担一部分。

尽管美国各州的医疗补助都不相同，但总体来看，它能为住在养老院的患者报销大约64%的费用。这一政策通常要求人们先使用自己的大部分积蓄，然后再将几乎所有的剩余收入支付给医疗补助系统。令人欣慰的是，一旦患者满足了这些要求，就不必再为吃饭、住宿或护理买单。

这些基本福利对我的一位患者产生了很大影响。她是一位百岁老人，患有痴呆，体重最多达到 90 磅（约 41 千克）。一开始她在家里接受亲戚照顾，临终关怀工作人员担心她的饮食习惯和基本卫生状况得不到保障。当她被送到养老院后，不仅体重增加了，而且话也变多了。最终，她的寿命远远超出了护士的预期。

对于一些患者来说，养老院比家里安全，而且比医院自由。大多数专业养老院都会提供很多社交活动，比如日常活动、公共场所用餐，以及学生、唱诗班和志愿者的到访。一位 80 岁的肺癌患者告诉唐医生，他还有机会结交新朋友，因为大家待在这里的时间比待在医院的时间要长。他也提到了其他的优势："养老院比医院更像家。我在养老院有自己的'领地'。我可以用家人的照片来装饰我的房间。"尽管有这么多的好处，但大多数患者都不想去养老院。在采访中，即使患者知道养老院能提供专业的护理，但若问及养老院，他们给出的回答也不过是"它只能作为最后的办法"。当采访者询问关于如何看待在养老院去世的问题时，一位患者笑着答道："哦，看在上帝的份上闭嘴吧……哦，上帝，我希望我永远都不需要它。"

这位患者与该研究中的其他患者一样，担心自己在进入养老院后身边都是老年人，尤其是痴呆的老年人。

养老院可能还有其他问题，比如人力不足和流动性高。与其他地方的临终关怀患者相比，很少有护士去探访养老院的临终关怀患者。这些患者的家人认为患者没有得到尊重，而且很可能没有得到疼痛治疗。

特诺认为，医疗保险和医疗补助引入了政策变化，可以为生命只剩下一周的临终关怀患者提供更多的资金。她还认为，通过提高工作人员的素质，更多影响临终关怀患者的问题将有望得到解决。

然而，让特诺感到最有希望的是，相关机构倾向于实施按量报销激励制度，如今的临终关怀逐渐不再强调患者住在哪里。特诺相信，美国正在走向一个以价值为基础的体制，"关注患者的体验，而不仅仅是在医院、养老院、家庭的体验"。新的体制将聚焦于患者如何在这三种共同承担责任的环境中过渡。"所以，我很乐观，"她说，"我希望我们能把它做好。"

我们对死亡的控制力并没有想象中那么强

当研究人员询问人们最想在哪里离世时，会提醒对方答案并不像看起来那么明确。波洛克在讨论家是否是人们死亡的首选地点时提到，很少有"视情况而定"或"无关紧要"的选项。我们可以自主选择死亡地点和方式的想法可能会误导大众。疾病的类型、症状的严重程度、资源的可用性和照料者的护理程度等因素都可能影响我们的选择。她写道："我们可能会说，如果选择的概念应用到死亡上，那么很多人大概都希望自己不会生病、不会变老、不会死亡。"

其他人可能认为，患者有权决定自己在哪里去世以及如何去世。波洛克写道："至于如何应对死亡的无底深渊，患者会以一种务实、谨慎的看法来评估和理解其中的不确定性。"

也许，你在还没完全意识到的时候就已经接近死亡。这让我想起了一位53岁的临终关怀患者，他患有胶质母细胞瘤（一种脑部恶性肿瘤）。他的妻子在家里照顾他，尽管还请了保姆，但她有时仍然感到压力很大。所以，这位患者经常去临终关怀安养院。他是一个可爱的人，但心智受到了脑部肿瘤的影响——他认为自己正在负责临终关怀安养院的工程，即使电话处在关机状态，他也会盯着屏幕看15~20分钟，仿佛在阅读重要的信息。一天晚上，他点了晚餐后小心翼翼地把手机放在了大厅的公用冰箱里，然后趁我不备，把所有的杂志、涂色书和马克笔都扔进了垃圾桶。他一连好几个小时都走来走去。尽管他的平衡力很差，外面的温度又低，但他还总是试图从外面的门逃走。因此，志愿者和护士会陪着他在走廊上不停踱步。

一次，我去家里看望他。他在房间里走来走去，一会儿爬上楼梯，一会儿又爬下来，把所有通往屋外的门把手都试了一遍。最终，他在临终关怀安养院里接受了全天候护理，渐渐地不再四处游荡，并越睡越久，最后在那里去世了。他在临终关怀安养院和家里都过着非常舒适的生活，有贴心的照顾、健康的食物和漂亮的家具。然而，在这两个地方他看起来都过得很痛苦，我想知道身处何处对他来说是否重要。

然而，死亡地点在很大程度上决定了你的死亡方式。罗西尼奥尔表示，她预测她痴呆的母亲会出现以下情况：跌倒，摔断髋骨，然后被家人送到临终关怀安养院，在那里离开这个世界。几个月后，她的母亲真的不幸摔倒，髋部骨折。她住在另一个州，只好打电话给她曾经工作过的急诊室寻求帮助。"我们不会给骨科医生打电话，"罗西尼奥尔说，"我们没有让母亲接受修复髋骨的治疗。我们想让她舒服点儿，给了她很多止痛药。我在用我的方法。"然后，她给临终关怀安养院的朋友打了电话，告诉他们"我们来了"。9天后，她的母亲在家人的陪伴下去世了。罗西尼奥尔说："但我承认，很多时候我都在想自己做得对不对。她是我的妈妈，不是吗？"

罗西尼奥尔觉得，她的母亲可能认为女儿想让自己接受治疗，然后去养老院，但事实远不是这样，只要她每天悉心照料2个小时，母亲就会感到心满意足。她说："但在剩下的22个小时里，母亲会非常孤独和痛苦。"

"我知道我们做的是对的，"罗西尼奥尔说，"这并不容易，今天我会告诉我的每一位患者家属：这从来都不容易。"

5

生命流逝：

死时疼吗？

在我母亲临终前的 3 天里，止痛药对她来说已经失效了。她一直处于昏迷或半昏迷状态，但疼痛令她浑身抽搐，头都离开了枕头。那几个小时里，无论是加大吗啡的剂量，给医生打电话，还是给她吃不同的药，都不能减轻她的疼痛。

到了晚上，我的母亲终于平静下来，但我们全家人都被这件事吓坏了。

这种经历并不算少见。2015 年，某项研究对 10 年前接受过调查的同一组临终患者家庭进行了再次追踪。结果发现，美国的死亡体验变得更糟，至少患者的家属是这么认为的。这项研究的一个关键部分在于家属对患者疼痛的观察。在第一次调查中，15.5% 的家属认为，临终患者需要更多缓解疼痛的治疗。在第二次调查中，这个数字上升到了 25%。

还有一项规模更大的研究，从 1998 年到 2010 年，研究人员采访了家属对亲人死亡的看法。50% 的人认为，临终患者经历了中度或重度的疼痛。其他研究人员在直接采访临终患者时发现，50% 的人称自己受到了中度或重度疼痛的折磨。

除非改变些什么，否则半数的患者会在临终前的最后几个月或几周内遭受剧烈的疼痛。然而，这是制度的问题吗？医疗进步或社会改革能改变它吗？死亡的本质就是疼痛吗？

死亡的确很痛苦，但是……

许多姑息治疗专家坚称，死亡有时的确很痛苦，一些身体、心理或精神上的痛苦是不可避免的。"我们正在失去所爱的一切，"比奥格解释道，"我们正在失去生命，失去我们的社交关系，失去我们的财产。"

此外，临终患者所经历的痛苦不仅仅是生理上的。当你的身体停止运转时，你将出现呼吸困难、剧烈咳嗽、褥疮疼痛、便秘、恶心等症状。哈伦贝克说："我们在治疗疼痛、气短、便秘、瘙痒等症状上已经做得很好了——即使不完美，但对大多数人来说，也完全够用。"

哈伦贝克表示，大部分与死亡有关的生理疼痛都是可以控制的。"我所遇见的非常严重且无法治愈的疼痛综合征少之又少。我们能够很好地治疗生理上的疼痛。"他解释道。

施瓦茨同意这一观点，他说："在 98％ 的情况下，我们可以在患者家中控制住他的疼痛。"主要的方法是使用药效更强的止痛药，比如芬太尼贴片。另外，对于那些不能自主吞咽的患者来说，医护人员可以将吗啡等液态药物，或者速溶药片放在患者舌下。"因此，和二三十年前相比，现在的家属给患者止痛并不难。"施瓦茨说。

哈伦贝克指出，问题的关键在于疼痛往往得不到充分的控制，控制疼痛的方法不知道为什么有时并不奏效。

疼痛并不全在你的脑袋里，但大部分都在

疼痛是复杂的。

人们往往认为疼痛从感官直通大脑。当你扭到了脚踝时，大脑会马上告诉你：哎哟，好疼。但事情不是这样的。医生阿图·葛文德于2008年在《纽约客》上发表了一篇文章，其中描述了人类感知疼痛的方式：

> 我们大脑里的图像信息是非常丰富的。我们能够分辨物体是液体还是固体，是轻的还是重的，是死的还是活的。但信息来源却很贫瘠，通常就是一个扭曲且不完

整的二维图像。因此，大脑自行补充了大部分的画面。

也就是说，感知并不是一扇直接通向世界的窗户。葛文德认为，它反而更像是"大脑对外界事物的最佳猜测"。

同样，你对疼痛的体验也可以被描述为大脑对是否有东西伤害你的身体的推测，以及你对疼痛的关心程度。疼痛通常是大脑对神经信号的复杂理解的产物，这种理解包括将它与过去（它与以前的经历相比如何？）、未来（它将持续多久？）和实际威胁（它是致命伤害吗？）相联系。

哈伦贝克曾做过这样一个思维实验：想象自己坐在牙医的椅子上，头顶就是钻头，然后评估自己的痛感。他估计答案会比较乐观，因为潜意识里他会认为疼痛已经被利多卡因控制住了，或者他知道钻头使用的时间不会持续太久。但他表示，"如果有人走过来对我说，'你知道，无论你正在经历什么，这种感觉都会终身伴随着你'"，那么，他的答案将完全不同。他会感到疼痛难以忍受。

哈伦贝克知道，他对生理疼痛的感受会根据心理预期的不同而有所变化，而心理预期是决定某件事对他人伤害程度的因素之一。国际疼痛研究协会认为，"疼痛始终是一种心理状态，虽然我们很清楚它往往有一个直接的生理原因，但痛苦总是主观的"。

这意味着痛苦的感觉和程度都因人而异。埃里克·卡塞尔的

《痛苦的本质和医学的目标》是一本关于疼痛和痛苦的经典著作，他认为"疼痛不仅是一种感觉，也是一种对病因、疾病及其后果的深刻体验"。正如格兰特所说：

> 有时，我会加大患者的止痛药剂量，但发现并没有什么用。然后我就会想，"嗯，可能是由其他事情造成的"。我会把牧师或者社工叫来，和他们聊天，结果发现的确还有其他事情。

这并不是说疼痛只是"心理上的"，或者人们很简单地就能想出止痛的方法。虽然疼痛是主观的，但它的真实性并不会降低。不过，心理因素确实会影响我们对疼痛的看法以及医生的止痛效果。卡塞尔讲述了一位16岁患者更换膝盖的故事：医生在手术后告诉患者，如果他的疼痛没有减轻，那么外科医生将调整他的膝盖。后来，他的痛感不断上升，阿片类药物的止痛效果也不明显，他便重新回到了医院。直到那时，医护人员才发现他误解了医生的意思——他以为调整就是要切掉自己的膝盖。卡塞尔在书中写道："当患者发现要截肢只是他自己的想法，别人并不这么想时，止痛就变得简单起来。"虽然患者仍然感到疼痛，但是他对疼痛的理解不再那么可怕了。因此，他的痛感大大降低。

卡塞尔还讲述了另一个案例。一位患者以为她患有坐骨神经痛，引起了腿部剧痛。此时，低剂量的可待因就能止痛。然而，从她得知自己腿部剧痛的原因是疾病扩散的那一刻起，大剂量的药物才能缓解她的疼痛。

卡塞尔写到："疼痛不是痛苦……减轻疼痛固然重要，但这并不能减轻痛苦。"痛苦是另一种东西，威胁着一个人的过去、未来、与他人的关系、文化、精神、工作和生活的意义。剧烈的疼痛会造成痛苦，但轻微的疼痛也可能造成同等程度的痛苦。"当人们感到失控时，当疼痛不可控时，当疼痛的原因不明时，当疼痛的意义过于可怕时，或者当疼痛永无休止时"，生理上的疼痛往往会给人们带来更多的痛苦。

桑德斯很早就意识到，在治疗临终患者时，疼痛的复杂性具有实际意义。20世纪40年代，当她刚开始在伦敦从事护理工作时，就发现很多临终患者都要受到一些不必要的折磨，并为此感到心痛。她发现医生会等到患者疼得哀号时才给他们用药。一旦医生发现患者身患绝症，基本上就会抛弃他们，不再实施治疗。

桑德斯后来又做了一段时间社工，最后成了一位医生，倡导持续性止痛。她主要研究止痛方法，对当时可用的药物形成了一种复杂而微妙的理解。她强调个性化治疗方案的重要性，也知道精神痛苦和情感痛苦的重要性，并认为"它们可能是所有痛苦中最棘手的"。众所周知，桑德斯专注于治疗"整体性疼痛"，包括患者在心理、生理、精神和社会等各个方面的疼痛，而美国的现代临终关怀就是以这个理念为基础的。

然而，这并不意味着他们总能控制住疼痛。首先，患者要说出自己的疼痛程度。

测量疼痛

温度计、听诊器这样的设备可以测量人体的生命体征，但没有类似的可以测量疼痛的设备。相反，测量疼痛的最佳方法就是询问患者，让他们给自己的疼痛评级，等级范围是 1~10 级。

疼痛量表的工作原理与用来测量血液中氧含量的血氧饱和度监测仪不同，最多只能测出一个近似值。哈伦贝克解释道："大多数人都会达成粗略的共识。例如，1~4 级的患者会说，'我有些疼，但可以自行处理'；3~5 级的患者会说，'我想用药控制'；而 5~8 级的患者会说，'我需要立即缓解疼痛'。"

哈伦贝克见过很多患者，知道有些患者的疼痛等级似乎与我们完全不同。在他的讲述中，有一位患者说他的疼痛等级是 1.2 级。哈伦贝克不知道该怎样解释这个精确的数字，因为疼痛量表本身并不精确。通常情况下，他与这位患者的交流是这样的：

"好的。你需要什么帮助吗？"

"不，我想我已经不需要什么了。"

"当多疼的时候才需要帮助呢？"

"大概1.89级。"

医生往往靠推测来给患者开止痛药。在某些更复杂的情况下，患者会申请进行疼痛等级评估。科伊尔发现，患者会根据自身情况，用一种非常复杂的方式来调整他们的疼痛报告。如果你是一位绝症患者，那么你可能会观察医生对你过去疼痛等级的反应，然后做出相应的调整。你可能会考虑到以前的疼痛等级、治疗后的缓解效果、治疗方法以及不良反应。接下来，你会做一个成本效益分析来决定自己该怎么做。一位患者降低了自己的疼痛等级，并告诉科伊尔："我忍受疼痛的原因是想接受实验性的化疗。我想如果我要求他们给我止痛，那么我将没有资格获得这种药。"

哈伦贝克表示，由于其他原因，一些患者也会在疼痛等级评估的时候刻意降低自己的疼痛等级。癌症患者告诉他，他们不希望自己的疼痛完全消失，也不想通过药物等方式把自己的疼痛等级降到0级。"如果降到0级，那我怎么知道病情发展到了哪一步，"患者告诉他，"疼痛是癌症和我交流的方式，如果它完全消失，我就不知道病情发展到了哪一步。我想让疼痛等级维持在1级或2级，这样我就可以一直监视它了。"

疼痛的体验和报告方式使其难以治疗，即使患者和医生都能很好地理解疼痛，用于治疗的药物也并非完美无缺。而且就像疼痛本身一样，这些药物根植在文化信仰和社会环境中的现实情况又增加了问题的复杂性。

不愿使用强力止痛药

几百年来，治疗剧痛的不二选择一直是某种类似鸦片的药物——阿片类药物。它的主要成分与人体内的天然物质相似，具有很强的药效。它能够与大脑和身体其他部位的阿片受体结合，阻断疼痛的神经信号，使人们平静下来，并刺激多巴胺分泌。对于那些痛苦的濒死之人来说，阿片类药物非常有效，但并没有得到充分的应用。

特诺曾撰写过关于临终患者家属的研究报告，并回忆了自己为患者做决策的经历。患者当时处于极度的痛苦中，但又没有得到足够的药物治疗，因此，特诺拒绝了医生，并把患者转移到了临终关怀安养院。她说："这个医生根本不知道该怎么提供良好的临终护理。他不敢给患者使用阿片类药物。"

医生不敢用阿片类药物？

"那些不常开阿片类处方药的医生总有一定程度的担忧……害怕患者上瘾。"她解释道。

特诺估计，普通的家庭医生每年大约接触 1000 个患者，其中只能碰到三四个死亡案例。"对于一个医生来说，这个概率非常小。因此，他们可能还不太习惯应对临终患者。"这种情况会造成医护人员不敢使用强力药物，从而无法为患者止痛。

特诺指出，护士中有一个不成文的规定，即尽量避免自己成为那个给患者注射最后一剂止痛药的护士。"大家担心，护士会用吗啡杀死患者，但研究表明，如果遵循指南用药，患者就不会死。"

研究表明，吗啡能够减轻患者的疼痛，但医生有时会基于下面这种错误的逻辑推迟使用吗啡：只有即将死亡的患者才会被注射吗啡，而吗啡也要为那些患者的离世承担部分责任。二者当然无关，但这种顾虑并没有消失。患者和家属也存在这种疑虑。因为阿片类药物被广泛应用于治疗临终患者的疼痛，所以很多人都知道，只要开始服用吗啡，患者不久后就会去世。于是，吗啡和死亡紧紧地联系在了一起。有时，仅仅提到吗啡就会令患者和家属坐立不安。

人们担心服用吗啡会上瘾。现在是美国有史以来阿片类药物使用最多的时候：美国国立卫生研究院发表于 2018 年的一份报告显示，在美国，每天有 115 人死于过量服用阿片类药物，其中大多数人的死亡都与处方有关。虽然美国的阿片类药物在使用量上超过了很多国家，但这是一场全球性的危机。早在这次热潮出现之前，人们就对阿片类药物的成瘾性表示担忧。阿片类药物的成瘾性在殖民剥削过程中起到了一定的作用，同时，它也是19世纪中英两次鸦片战争的导火索。从美国内战和两次世界大战中退役的士兵也面临阿片类药物成瘾的问题。早期的研究人员想研发出一种完美的阿片类药物，即一种不会令人上瘾的吗啡。为此，德国拜耳公司于1898年推出了海洛因。"到了1910年，美国年轻的工薪阶层开始把海洛因药片碾碎成粉末吸入，以获得兴奋和快感，"玛西娅·梅尔德伦在一篇关于疼痛治疗的历史综述中提到，"吗啡在街头的疯狂蔓延，再加上人们对医源性吗啡成瘾（由药物治疗造成的成瘾）的日益警惕，促使医学界支持1914年通过《哈里森麻醉品法案》。"

然而研究表明，成瘾对身患绝症的患者来说几乎不是问题。哈伦贝克认为，患者对阿片类药物心存恐惧的一个重要原因在于，他们并没有意识到医生和药物滥用者在用药方式上的不同。"阿片类药物致死的部分原因是药物在体内积累的速度。"如果瘾君子服用药物的速度太快，那么，一旦药物关闭他的呼吸系统，他就极有可能会丧命。"我们不会这样使用阿片类药物，"哈伦贝克说，"是的，它的确是危险的毒品，尤其是对于那些不会使用的人来说。但如果使用得当的话，还有很多更危险的毒品可供医生利用。"

止痛药的不良反应

即使没有成瘾的潜在威胁，阿片类药物和其他药物一样，在治疗疼痛方面仍然有缺陷。哈伦贝克表示，他与患者家属之间经常会有这样的对话：

> 患者家属经常抱怨："我希望爸爸能睡个好觉，像往常那样每天早上七点半醒来。"
>
> 我回答道："我希望我们知道该怎么解决它。尽管我对我的工作非常在行，但并非完美。我不知道别人怎么样。"
>
> 我们不能让人噗的一声睡着，然后噗的一声清醒。我们的药物是有缺陷的。围绕睡眠进行的对话和围绕疼痛进行的对话一样，就是帮助我理解平衡。我能给患者更多的东西来帮助他们入睡，但凭借现在的技术水平，他们早上醒来时可能会感到头昏眼花，或者思维混乱。
>
> "我不知道你会怎么权衡。请告诉我你的想法是什么，然后我们一起解决它。"

哈伦贝克认为，疼痛治疗常常是一项平衡工作。"如果直接麻醉患者可行的话，那么我们可以为每个人止痛。但这会引发不良反应。"

格兰特指出，患者需要权衡利弊。因为阿片类药物几乎都会造成便秘，所以医生在给患者开阿片类药物的同时，也会开治疗便秘的药物。根据剂量的不同，阿片类药物可能会造成恶心、轻度思维混乱或嗜睡。它们也会与患者服用的其他药物相互作用。

研究表明，由于担心这些不良反应，患者通常不愿意服用阿片类药物。他们最担心便秘，还想要时刻保持警觉。和哈伦贝克一样，格兰特也会提前告诉患者："我能控制你的疼痛，但你可能会更加嗜睡。"格兰特会描述一个连续体，一端是非常警觉和疼痛，另一端是无意识和没有疼痛。然后，她会问患者："你想处于这个连续体中的哪个位置？"有些人告诉她，他们宁愿睡着也不想痛苦地醒着。还有些人则说，保持清醒和警觉非常重要，即使这意味着要忍受很多疼痛。她说："这是一场关于他们想要什么和我能做什么的协商。"

时机很重要

当我的母亲接受临终关怀服务时，医生给她开了缓解疼痛的羟考酮和其他治疗不良反应的药物。在最初的几天里，母亲有时会感到特别疼，整个人瘫在沙发或床上。后来，一位朋友温和地指责我们为什么不记下她所吃的药。当时我们并没有意识到母亲会弄错剂量，服用剂量不足的药物，以致疼痛无法控制。我们监督母亲服药后，又过了几天她的疼痛才消失。

20 世纪 80 年代，世界卫生组织开始重视疼痛治疗不足的问题，还制定了一套针对癌症的疼痛治疗指南。该指南的核心是推荐梯度治疗。如果患者并不是很疼，那么医护人员将使用非阿片类药物对其进行治疗，比如阿司匹林和对乙酰氨基酚。如果患者持续感到疼痛，那么医护人员会进一步让患者服用药效较弱的阿片类药物，比如可待因。最后，如果疼痛仍不能得到有效缓解，那么医护人员将给患者服用吗啡等强效阿片类药物。

该指南有一条重要的要求：患者要按时服药，按常规剂量服药，而不是按需服药。如果患者等到疼痛复发才用药，那么，不仅要服用更多的药才能止痛，还要过一段时间才能起效。此外，患者可能会因为虚弱或糊涂而无法描述增加的疼痛。相比之下，按时服药意味着定时给药，理论上可以提前止痛。

在正常情况下，大部分的止痛药需要 30~40 分钟才能发挥药效。但当患者处于剧痛期，住院或接受临终关怀时，可能需要更长的时间（几个小时或几天）才能充分缓解疼痛。如果患者处于危险期，疼痛达到了满级（10 级），那么想要安全且快速治疗疼痛可能需要更多的技巧，因为医生需要在快速止痛和避免恶性不良反应之间寻求平衡。即使疼痛得到了控制，患者也有可能突然感到剧痛。虽然原因不明，但这种情况往往发生在移动患者或阿片类药物的效果即将结束的时候。此外，骨转移瘤患者有时也会突然感到剧痛。在大多数情况下，这种疼痛都是短暂的，持续时间不到 30 分钟，但一天内会暴发好几次。因为它不可预测，所以很难治疗。也许正是这种突如其来的疼痛导致我母亲的病情加重，而她所遭受的折磨是无法预见且无法阻止的。

无意识的疼痛

还有一种类型的疼痛很难治疗，那就是医生很难看到的疼痛，比如无意识患者有时经历的疼痛。

和大多数临终患者一样，我的母亲在离世前的最后几天里，要么睡觉，要么处于半清醒状态。她没有哭，也没有呻吟，除了那段痛苦的插曲。我最好的猜测是，母亲大部分时间都没有感到明显的疼痛，但我对此并不确定。

加拿大麦吉尔大学护理学院的副教授塞丽娜·热利纳认为，患者失去知觉并不意味着他们感觉不到疼痛。"没有明确的证据表明他们感觉不到疼痛。"她提到了一项几十年前的研究，在这项研究中，心搏骤停后幸存下来的患者被要求描述他们的生理体验。"他们中的一些人甚至还记得除颤时的痛苦，"热利纳说，"因此，我们不能得出无意识患者根本感觉不到疼痛的结论。他们仍有可能感到疼痛。"

当热利纳刚开始作为一名护士工作时，她感到很沮丧，因为有些医生不愿意治疗无意识患者的疼痛。"当时，我们没有工具来评估那些无法自我报告的患者的疼痛。"于是，她回到研究院，协助开发了重症监护疼痛观察工具。无论患者是在大叫，还是在呻吟，这个工具都可以对他们的面部表情、身体动作、肌肉紧张度和声音等进行精确分析。

坎贝尔认为，处于疼痛中的患者即使在无意识的情况下看起来也很痛苦，他们的面部表情经常会很狰狞。"你可以走进一个房间，看看患者什么时候疼痛，"她说，"如果你擅长观察人的面部表情和肢体语言，就会知道哪里出问题了，包括身体上的变化。"

另外，如果临终患者安静地躺在床上，面部表情放松，肌肉松弛，嘴巴和眼睛微微张开，细心的观察者就会知道患者此时并不疼痛。她还说："患者非常舒适，甚至都不眨眼或闭上嘴巴。"

坎贝尔和热利纳都仔细地研究了这些面部表情和身体特征。例如，热利纳认为，表达恐惧的面部表情与表达疼痛的面部表情迥然不同。人们在感到害怕的时候通常会上扬眉毛，睁大眼睛；在感到痛苦的时候通常会下沉眉毛，闭上眼睛。她检验了自己的观察结果，并创建了一个量表，以便医生能更好地了解无意识患者的情况，知道什么时候该为他们治疗疼痛。

哈佛大学医学院的神经学专家、麻醉学教授埃默里·布朗从另一个角度分析了无意识患者的疼痛。由于被麻醉的患者的昏迷是可控的，他们的状态可以被仔细地监控。麻醉师非常清楚，虽然患者可能是无意识的，但仍会受到疼痛的影响。布朗说："我们经常会在麻醉过程中看到这种非常真实的情况。"因为手术过程中需要监测患者的血压、心率和血氧含量，所以麻醉师能够识别疼痛带来的影响。

"这么说吧，我把一些能令人失去知觉的药给了你，然后让外科医生给你做手术，但我并没有给你任何阻断疼痛信号传导的药，"布朗继续说道，"你在手术过程中能感到疼痛，我会看到你的心率和血压都有上升。换句话说，你体内处理疼痛的机制仍然很活跃。你只不过是关闭了自己的意识，然而我很清楚，你能感到疼痛。"

医生会让这些患者服用一些药物来治疗身体上的疼痛。布朗说："医生必须这么做，如果不给药，患者就会在他们面前疼得心脏病发作。"患者体内的疼痛受体被激活，应激系统做出了反应。

临终患者与处于麻醉状态的患者不同，他们的大脑最终会崩溃。因此，他们不能有意识地记录疼痛。问题的关键在于如何准确地判断这种情况发生的时间。

这意味着人们很难确定临终患者承受了多少疼痛。"我们通常认为，如果你的大脑处于昏迷或无意识状态，那么你对事物的感知能力也可能大幅下降，"研究濒死迹象的肿瘤学家和姑息治疗专家大卫·胡伊说，"你可能知道发生了什么，也可能不知道。"

缓和镇静

哈伦贝克表示，在少数情况下，医生很难或无法控制临终患者的疼痛。有时，如果患者能够转移到住宿式临终关怀安养院或医院，医生就能选择更多有效的疗法。有时，技术娴熟的姑息治疗师也可以控制患者的疼痛。"在某些情况下，姑息治疗师的确能提供一定的帮助。"哈伦贝克说。他们会迅速地滴定药物，将患者从极度疼痛中解救出来。"一般的医生是不知道这些知识的。"

还有一些罕见案例，常用药物无法缓解患者的疼痛。在这种情况下，医生有时会给患者服用镇静剂，但它的药效很强，基本上会使患者陷入昏迷。该方法被称为"缓和镇静"，目前仍然存在争议，因为人们把它和安乐死混为一谈。然而，缓和镇静是不同的疗法。它只使用药物令患者保持昏迷，减轻他们的疼痛，并不会影响寿命。缓和镇静并不意味着在患者离世前对其进行持续性的深度镇静。更常见的情况是，医生重复给患者开剂量很小的药物，以便能不时地与患者进行交流。

尽管如此，即使是那些能很好地区分缓和镇静和安乐死的人，有时也会对临终患者服用镇静剂感到不安。一份来自国际姑息治疗专家团队的研究报告警告说："即使双方都同意，人为降低患者意识的做法也需要慎重考虑。镇静可能意味着结束生命的任务被短路或阻断了。"如果患者在生命的最后几天被镇静到昏迷，那么，他们将不能说再见，不能为过去的宿怨寻求谅解，不能重新审视自己生命的意义。

缓和镇静意味着在患者临终之前，人为地消除他们的意识。因为人们害怕这种疗法会加速患者的死亡，所以很少使用。相反，大多数临终患者会在无意识的状态中越陷越深，因为他们的身体和大脑正在停止工作。

死亡的时候究竟疼不疼？

现在看来，我的母亲在临终前的几天里应该非常疼痛。原因可能是暴发性疼痛，也可能是她体内的脏器都衰竭了，还可能是癌症转移到了骨头上。这种疼痛是随机的，很难预测。我的母亲患有转移性乳腺癌，并接受了典型的常规治疗，即定时服用缓解持续性疼痛的阿片类药物，且身边常备治疗暴发性疼痛的药物。因为她已经昏迷了，所以别人很难发现她是否疼痛。她在那次抽搐后又接受了其他药物的治疗，但还是过了一段时间才控制住疼痛。

她可能并没有吞下最后一剂吗啡，没人注意到吗啡从她的下巴上流下来，但我认为这不太可能。我觉得母亲甚至可能并没有真正感到疼痛，虽然从她的身体反应来看，她似乎非常痛苦，但也可以认为她并没有那么痛苦。

我遇见的大多数临终关怀患者都有过疼痛或不适的经历。其中有两位非常痛苦的患者，当护士努力地帮助他们止痛时，他们仍在不断地呻吟或哀号；当患者费力地咳嗽或呼吸时，我曾在他们身边；有时，患者便秘或恶心的症状会持续2~3个小时。

不过，在我目睹的每起病例中，疼痛和不适都是暂时的。当问题浮出水面后，护士会和患者一起解决它，直至情况得到控制。当患者去世的时候，他们看起来很平静。

美国康奈尔大学临终关怀研究中心主任霍利·普里格森认为，底线就是临终患者不应该遭受显而易见的疼痛。"如果患者能够服用足量的阿片类药物和其他药物，就不会在疼痛中死去。"

桑德斯认为，她能缓解临终患者大部分的疼痛，但并不是全部。她说："我并不是说我的患者不会遭受疼痛的折磨，我只是把疼痛维持在他们能够承受的范围内。"还有一位临终关怀护士记录了这样一段对话：

> 她说："不疼，我还以为会疼呢。"
> 我说："什么不疼？"
> 我以为她的胳膊、腿和臀部出现了问题。
> 她说："死亡——不疼。"

研究人员发现，临终患者对疼痛的恐惧往往会超过对死亡的恐惧。哈伦贝克指出，人们害怕疼痛以及其他与死亡有关的身体症状，这一点可以理解。"如果有一个高水平的团队，我就不再害怕临死前的生理疼痛了，"他告诉我，"我对自己和他人持乐观态度，只要好好护理——我们在很多地方仍在努力——情况就不会太糟。"

他又补充说："谁都不能回避这个问题，既然如此，我又怕什么呢？"

于是，我们继续讨论。

他说："据我观察，人们临终时的大部分痛苦都来自生活中那些未能解决的问题。"他讲述了自己父母的例子。他的父母都是医生，临终前患上了罕见的痴呆。母亲患有路易体痴呆，而父亲的痴呆似乎与他早年感染的脊髓灰质炎（俗称小儿麻痹症）有关。

但除身体上的疾病外，还有其他东西给他们带来了极大的痛苦。他解释说："我的母亲特别喜欢哈伦贝克医生。她要把他的照片挂在养老院房间的门上鼓励自己活下去，但我知道这样的坚持给她带来了多大的痛苦。"他还说，他的父母都无法很好地面对死亡，这给他们带来了巨大的痛苦。

他觉得他的父母本来可以采取一些措施来防止这种情况发生。

6

应对策略：

如何才能体面离世？

当我的母亲突然记不清自己吃了多少药或者是否吃过药时，我们意识到，她已经不再是原来的她了。事实上，她正在迅速地接近死亡。我们搬进了父母家：我和丈夫、我弟弟和他的妻子，以及他们的两个孩子。我妹妹和她的男朋友从里诺乘飞机过来。我母亲的两个兄弟和一个弟媳也从伊利诺伊州赶了过来，和我们一起守了两个晚上。

我们悄悄地进入了各自的角色，好像我们一直都在照顾濒死之人一样。我们轮流做饭，守在母亲床边，看她时而清醒时而昏迷。我们给她讲故事，笑着，哭着。我们会购买很多人份的食品杂货。当父亲用钢琴演奏百老汇音乐、赞美诗、民歌和贝多芬奏鸣曲时，我们会聚在客厅里听，母亲则微笑着躺在沙发上。

她仍然保持着微笑，偶尔拉住我们的手说会儿话。有时她会焕发出往日的活力，但每过一天，她昏迷或睡觉的时间就会更长。我的母亲没有时时清醒，她也不可能时时清醒。

但我们是清醒的。我们的家庭关系一直很亲密，母亲是全家的核心。但这次不一样，我们围绕在她身边时感到了一种平静，似乎所有不重要的事情都消失了。时间里充满了某种其他人想要融入其中的东西——一位朋友称之为"神圣"。访客在附近徘徊，试图理解它。我们全家人都感到彼此的联系特别紧密；我们对生活的美丽与短暂有了一种全新的认识；我们感激与母亲在一起的每段时光；我们以前所未有的方式深刻地感受着这一切。

比奥格在照顾自己的父亲时发现，死亡的经历虽然艰难，但意义深远。他表示，这改变了他对死亡的理解，至少让他明白了死亡可能意味着什么。在父亲去世后，比奥格开始更密切地观察他所负责的临终患者及其照料者。结果发现，患者的经历和他们家庭的经历一样是丰富而有益的：

> 每隔一段时间，就会有一个家庭在患者去世后回来，告诉我他们所爱之人的离世非同寻常。"家里发生的最糟糕的事情就是母亲病入膏肓，但我们在一起度过的最美好的时光也是她生命的最后一个月。"这是以前我无意中听到的评论。我一直认为这是一种奇怪的现象，即使他们在最后的日子里度过得非常愉快。

此时，比奥格第一次意识到，虽然体面离世可能并不常见，但它是真实存在的。他在与临终患者及其照料者继续交谈的过程中获得了第二种启示：体面离世不是随机事件或运气问题；它可以被理解，也许还能被培养出来。

什么是体面离世？

临终关怀的专业人士常说："人就是这样死去的。"他们会对临终患者身边发生的情感故事摇摇头。例如，一些患者因为不熟悉环境、打破了玻璃杯，甚至毫无理由就对护士大发雷霆；前任配偶和现任配偶为谁在床边陪护争论不休；朋友和家人之间就药物或治疗计划产生分歧。

然而，我和比奥格所目睹的这种平和的死亡并不是独一无二的。在一项针对新诊断的癌症患者的经典研究中，韦斯曼和沃登发现，"很多患者好像都能很好地处理自己的困境，充分地参与治疗，总的来说，事实与人们会惊慌和手足无措的预期相反"。任何与临终患者共事的人似乎都会感受到，身患绝症的患者偶尔也会比其他人更具有活力、智慧，甚至更加平静、快乐。

一位急诊室技术人员曾给哈伦贝克医生打电话，讲述了一位85岁老人的故事。虽然老人身上没有主要的临床症状，但他觉得自己快要离世了。"他完全可以接受这个事实，"技术人员告诉哈伦贝克，"但他不想因为有人在某处发现了他的尸体而打扰到其他人。于是，他想知道我们有没有地方能让他妥善地离世。"

当哈伦贝克见到这位老人时，他感到老人面对即将到来的死亡竟是如此地镇静。老人是一位文物修复者兼业余音乐家，每天工作得很充实。他回忆起了很多自己身边已经去世的朋友和家人，并告诉哈伦贝克，虽然他并不知道自己是怎么知道的，但他确信自己即将离开这个世界。哈伦贝克相信他的自我诊断：

> 我说："有什么我能为您效劳的吗？"
>
> 这时我几乎要哭出来了；我被他的人生故事和他对死亡的接受程度深深震撼了。这就像禅宗大师过去常常对人们说"我要去世了，这是我的诗"，然后在打坐的时候圆寂⋯⋯
>
> 他说："是的，你知道，这个遥控器坏了，而我总在七点半看《危险边缘》。"
>
> 我说："我想我们可以帮你。"

哈伦贝克找人修好了遥控器，还开了一种抗焦虑的处方药，但这位老人从来没吃过。当天晚上他就离世了。

老人平静地接受了死亡，这给哈伦贝克留下了持久的印象，他觉得这种态度值得人们追求。他说："我想我永远也不会接近那种境界，但我从内心深处知道这是可能的。"

桑德斯也发现，有些患者在临终前表现得特别出色。最令她难忘的患者中有一位 G 夫人，这位年轻女性所患的疾病使她逐渐瘫痪和失明。在她生命的最后三年里，她已经完全失明，几乎不能移动。尽管身体状况不佳，但她在病房里仍然像阳光一样明媚，深受医护人员和其他患者的喜爱。一天下午，桑德斯在这位年轻女性患者的床边待了一会儿，另一位患者说："你竟然不为她感到难过，她是如此活泼。"这位年轻女性患者在面对死亡时表现出的坚强对桑德斯和其他医护人员产生了持久的影响。桑德斯后来写道："我们许多人在回首往事时总是坚定地相信，对于我们失去的那些人来说，无论他们的道路看起来多么艰难和孤独，我们记住的都不是死亡对他们的影响，而是他们对我们如何看待死亡的影响。"

我母亲的经历与哈伦贝克和桑德斯所描述的临终患者的经历明显不同。当我母亲去世的时候，家人和朋友都围在她的身边，而哈伦贝克的患者则孤身一人。与这两种情况形成鲜明对比的是，桑德斯的患者多年来一直积极地面对病痛的折磨。不过，三者都是"体面离世"的代表。这提醒了我们，为什么姑息治疗专家经常警告我们不要使用"体面离世"这个词。它听起来像是说教，好像死亡只有一条正确的道路，又好像我们所有人都想以同样的方式死亡。体面离世在某种程度上也会忽略价值观的改变以及人们在接近生命尽头时的适应方式。

但罗丁表示，大多数濒死之人似乎都有相同的愿望。这些愿望在不同的文化中也是相同的，尽管人们对如何满足这些需求的具体预期大相径庭，取决于他们在哪里生活或者他们有什么资源。

"无论你在哪里，人们在生命结束时想要的东西都没有很大的不同，"罗丁说，"人们想从痛苦中解脱出来，希望在自己选择的地点离世；人们想要一种生活结束的感觉，即一种他们的生活是有意义的感觉；人们想和对自己而言重要的人在一起。"

如果我们知道自己即将面临死亡，那么我们想要的东西一般都是共通的。基于一些患者的经验，我们知道自己至少有可能体面离世。但还有一个问题存在：我们该如何到达那里？如果死亡是一段旅程的话，那么肯定会有地图。

《圣经》里没有人这样离世

过去，人们可以通过教堂和文化传统获得临终指导。当身边有人快要离世的时候，你就可以打电话给神父或牧师，他们可以指导活着的人完成仪式并履行职责。或者你可以恳请邻居来帮忙照顾濒死之人。宗教机构和相关经文会监督这一过程，医疗保健服务只是起到很小的作用。

如今的医疗系统允许人们患有多种疾病，然而在过去，任何一种疾病都能结束患者的生命。同时，医疗系统又无法在其他方面提供足够的支持，这常常令患者感到迷失。"就像一位患者曾经告诉我的那样，'《圣经》里没有人这样离世'，"琳恩写道，"当人们在现代医学的支撑下，行走于重病和衰弱的钢丝绳上时，几乎无法从古代的经文中找到如何生活的建议或慰藉。"

因此，科伊尔认为，那些被诊断出身患绝症的患者往往感到"基本上没有受过教育和训练"。科伊尔对 7 名癌症晚期患者进行了深入访谈，其中 6 人在研究结束时濒临死亡。这些患者告诉她，他们对处理与死亡有关的事情毫无准备，"我们都不知道人是怎么死的，没人教过我们"。

罗丁指出，如果你被诊断出身患绝症，那么你今后所要面临的一系列问题都是可以预测的。然而，他和其他姑息治疗研究人员一样，也发现了这个令人震惊的事实：虽然这些问题都是可以预测的，但没有一个成形的方法可以帮助人们解决它们。

现在这种情况开始改变了。

应对方法

在韦斯曼和沃登的研究中，他们试图预测哪些患者能够更好地应对自己的疾病。他们想要知道患者在面临疾病时遇到的问题是什么，使用了什么策略，以及这些问题的处理结果。研究人员承认，列出每种可能的应对方法是不现实的，不过他们还是给出了15种常用的应对方法。从直面问题到研究对策，再到与他人讨论，这些应对方法在很大程度上取决于患者的社交关系或情感状况，但并不总是有效的。

"不是每种方法都适用于每个人。"韦斯曼和沃登警告人们，不同的问题需要不同的解决方案。由于家庭或社会原因，有些患者比其他患者更脆弱。但他们发现，那些优秀的应对者在情感或社交上比较坚强，能够解决更多的问题，倾向于"面对事实，找到有利的东西，然后自信地遵从医生的建议"。相比之下，不好的应对者倾向于"拒绝承认疾病，很少说话，要么被动地投降，要么采取不当行为"。

一些表面上看起来很好的解决方案实际上并不成功。例如，寻找更多的信息并与他人分享你的担忧似乎是不错的应对方法，但在研究中，这些策略往往对患者无效。研究人员从理论上推断，这些策略在实际应用于诊断时往往是有效的，但当它们被用作避免问题的方法时，效果并不好。"例如，为了质疑事实并寻找一个更容易接受的答案，患者会搜索更多的信息。他们可能会和别人分享忧虑，但只是为了找一个共鸣者来回答'为什么是我'这个问题。"研究人员写道。

尽管韦斯曼和沃登的研究仍然具有影响力，但发表至今已经有几十年的时间了。从那时起，心理学家、社会工作者和医学专业人士便开始研究一些帮助人们应对死亡的方法——心理学家将其称为"干预"。其中一些干预措施已经进行了随机对照实验，结果表明是否进行干预对患者有显著的差异。这些干预措施具有相似的特点。通常，患者会和一位训练有素的专业人士进行会谈，讨论死亡、面对诊断的感受和悲伤等话题。临床医生会在回顾人生的过程中引导他们，试图帮助他们重建生活的意义感。或许最重要的是，干预措施能够帮助患者创造思考的空间和时间。

越来越多的研究人员正在加入寻找应对方法的队伍，比奥格、罗丁和李就是其中的成员。通过对患者的研究和访谈，他们为濒死之人创造了一系列应对方法，帮助现代社会中的患者更好地驾驭死亡的过程，体面离世。

面对死亡，生命的意义是什么？

当李在一家骨髓移植机构当护士时，她遇到的许多患者都处于濒临死亡的境况。如果移植成功的话，他们就会经历某种形式的重生。虽然大多数患者确诊后都会在极端的不确定性中挣扎，但也有少数患者"表现得非常好"。拥有心理学双学位的李想知道为什么，于是开始采访患者，询问他们是如何应对的。她发现，对于重病患者来说，主要问题之一就是他们失去了生活的意义感。这种缺失往往意味着世界的坍塌。

然而，有些患者似乎恢复得很好。他们为改变后的生活找到了新的意义。无论是刚被确诊的患者、处于治疗过程中的患者，还是死于疾病的患者，都存在这样的情况。李曾让她的患者做了这样一项测试：先画一条线来代表他们的生命，然后在他们认为自己目前所处的位置上画一个圆圈。这个圆圈是在接近终点的地方，还是在开头或中间？

无论患者的年龄有多大，诊断结果是什么，大多数人都会把圆圈画在大约四分之三的位置上——他们认为自己的生命大约过了四分之三。但不是每个人都这样做。她惊讶地发现，少数患者在线的最开头画了一个圆圈。李说："这太不可思议了。这些患者当时就告诉我，他们做了全面的反思，知道自己的首要任务是什么。"对于这些患者来说，重病诊断就像敲响了警钟，为他们的生活翻开了新的一页。"他们认为，这是他们过有意义的生活的第二次机会。"

李目前是麦吉尔大学的护理学助理教授。她表示，还有一种现象给她留下了特别深刻的印象，那就是年轻人会通过他们的癌症诊断发现生活的新意义。"他们中的一些人——不是很多，可能只有一两个——会走过来告诉我，'这是一件很棒的事，因为现在我知道自己想做什么了'。我不想再浪费时间。"

李现在专注于新诊断的患者，她强调，即使他们身患绝症，"未来的路也很长"。李在一些患者身上看到了恢复力，它是人类的主要动机。每个人或多或少都有恢复力，但有时需要借助外界的刺激来激发这种内在的能量。因此，李把她从优秀的应对者身上学到的东西整合为一套干预措施。她利用这套干预措施来帮助属于不同类型、处于不同阶段的癌症患者，有些人会痊愈，而有些人最终会死于疾病。例如，李在一次实验性研究中对卵巢癌晚期的女性患者采取了干预措施。对于她们中的大多数患者来说，存活 5 年的概率通常低于 50%。

在干预治疗中，患者会与受过专业训练的肿瘤专家或心理治疗师交流。李曾在最初的研究中担任过这个角色。临床医生会通过鼓励患者回顾自己的生活并面对他们常问自己的问题，来帮助他们重新构建生活的意义：

- 我的人生有意义吗？
- 我做出了什么贡献吗？
- 我给我的孩子留下了什么？如果没有孩子的话，那么我给我的配偶或朋友留下了什么？
- 我的存在对这个世界有什么影响吗？

- 因为我现在知道自己即将离开这个世界，所以一切都是徒劳吗？难道不会产生什么影响或价值吗？

干预治疗分四个阶段，患者会通过一系列讲故事的任务来反思癌症以及癌症对他们的影响。

在第一个阶段，患者要讨论现在正在发生的事情，包括他们的重病诊断、他们对诊断的反应和他们的悲伤。"我知道这是一段非常糟糕的经历，"李说，"现在或许是他们一生中最糟糕的时刻。"

但我在听患者讲述自己的故事的同时，也在寻找他们生活中仍然可控的、不那么糟糕的、尚有意义的领域。然后，我把它反馈给患者。所以，我在给他们提供一个与癌症共存的平衡的人生观。

第二个阶段是反思过去的挑战。李解释道："通过回顾生活中的其他事情来建立患者的恢复力，这些事情和癌症一样出人意料、无法控制、不可预测，尽管它们也许不在一个重量级上。"例如，他们没有得到的工作或升职机会（有时这并不是他们自己的错）、配偶出轨、婚姻关系破裂、严重的摔伤、车祸，以及其他疾病。

李会询问患者应对这些挑战的方法，并提醒他们可以对癌症采用同样的方法。

第三个阶段是让患者谈论未来。在已知自己即将离世的前提下，谈论他们的优先事宜和目标。

李对 74 位患有结肠癌或乳腺癌的患者进行了临床实验：其中一半的患者接受了干预治疗；另一半没有接受，但可以像普通患者一样自由地寻求其他心理支持。患者对干预治疗的反应很强烈。那些接受干预治疗的患者在自我认知或自尊心方面都有所改善。"他们对未来感到更加乐观，虽然他们身患癌症，但他们的自我效能感都有所提升。"

李通过观察发现，接受干预治疗的患者会培养出更好的恢复力，以及"对他人的同情心"。她现在关心的是如何让更多的患者接受干预治疗。她创建了一个工作手册来指导人们进行一系列的自我反思，并正在开发一个应用程序。

一些注意事项

李认识到不要暗示患者一直保持积极的过程并不顺利。当李预先进行干预治疗实验时，她的第一位患者表示自己正在与诊断做斗争。"我爬不上这段楼梯，尽管我读了所有指南，"患者告诉李，"我觉得自己很糟，和别人不一样。"

"感谢上帝，这是第一次干预治疗，"李说，"接下来我改变了介绍干预的方式。对我来说更重要的是，患者要知道他们可以悲伤，可以考虑生命的变化和损失，这一点也是我向我的学生强调的。"

李和其他姑息治疗专家一致认为，接受自己患有重病或绝症的现实总是艰难的。比奥格在他的著作《优雅的离别》中写道："优雅离别的怀疑论者喜欢提醒我，死亡并不美好，它往往是混乱且令人不快的。这一点我欣然同意。即使是那些做到优雅离别的人，他们的死亡过程也很少令人愉快。事实上，这通常是人们一生中最痛苦的时刻。"

对于一些人来说，甚至连"体面离世"或"优雅离别"这样的术语都令人生厌。这是因为它们有着规定性的含义，还提醒患者有义务妥善应对。然而，他们此时正在与疼痛、失落和痛苦做斗争。在护理研究人员朱迪思·沃鲁贝尔进行的一项实验中，临终患者表示他们感受到了保持乐观的压力。她总结道："无论一个人的态度多么积极，他每天都还要面对疾病、症状和痛苦的现实。没有什么'好'方法可以让这些问题消失。"而且，希望濒死之人扮演超人的角色并不公平。许多身患绝症的患者都能应付自如，勇敢地面对困难，这种英雄行为在别人看来是难以置信的。

我们经常把这些人捧上神坛，但这会掩盖他们在实际生活中面临的艰辛、他们在疾病影响下真实的生活方式，以及他们经历的高峰和低谷。即使是那些对自己的诊断结果处理得很好的人，有时也会表现出愤怒、沮丧或疲惫。

死亡通常意味着患者要面对人生中最艰难的挑战。应对方法和干预措施可以为人们提供帮助，但罗丁指出，要记住"痛苦是无法消除的"。

CALM 干预

罗丁和多伦多的玛嘉烈公主癌症中心的同事对癌症晚期患者的情绪状态进行了研究。他们发现，任何时候都有四分之一的患者表现出明显的抑郁和绝望。于是，罗丁的团队决定做些什么。他们开始就患者所面临的问题进行大量采访，并由此形成一套独有的干预措施。

他们发现，患者往往被医学治疗搞得不知所措，这意味着他们在剩下的几个月或几年里几乎没有时间或精力再去好好生活。罗丁说："主要问题是患者在思考死亡的时候还要继续活下去，这正是我们的干预措施想帮人们解决的问题。"

罗丁和他的同事知道，患者需要时间和空间来自我反思，并从训练有素的专业人士那里获益。他们希望通过半结构化的咨询来指导患者。这样患者既能了解所面临的问题的复杂性，又能留有一些余地来处理最紧迫的问题。

罗丁的研究团队将这项干预措施命名为"CALM"，意思是"管理癌症并有意义地生活"。这项措施采用的技术本身相对简单：在为期几个月的治疗过程中，患者要接受 6 次心理健康专业咨询，每次咨询的时间约为 1 个小时。治疗师会引导他们进行讨论，讨论的内容一般涵盖四个领域，但患者要决定是否同时关注多个领域，在每个领域中花费多少时间，以及在每次治疗中涉及哪些领域。为了便于参考，治疗师会给四个领域编号，患者可以选择先探讨其中的一个领域，或者一次覆盖两个领域，又或者用其他的方式改变各领域的顺序。

第一个领域侧重于实际的健康问题。罗丁称，在这个领域中，患者和治疗师要解决此类问题：你如何管理你的症状？你如何和你的医生沟通？你如何对临床实验做出决定？罗丁表示，所有与医疗保健系统相关的问题都变得极其重要。

如果你被诊断出患有重病，那么，这可能是你第一次面对现代医疗系统的复杂性。肿瘤科的就诊简短而集中，患者往往没有机会深入探究他们从医生那里得到的信息和选择。相比之下，CALM 干预为患者提供了一个讨论正在发生什么的机会。一位患者的妻子告诉罗丁的团队，在先后看过几个不同的专家后，这种干预措施让她和丈夫第一次感到自己被医疗系统视为完整的人。她告诉研究人员："之前的专家都会以'肺有问题，骨头有问题，皮肤也有问题'这种方式看他，所以他们都在解决这些局部问题，没人把他当完整的人看。"

CALM 干预的治疗师也鼓励患者避免让医疗问题占据他们的生活。"人们总有这样一种幻觉，即认为今后还有时间来过自己的生活，但事实并非如此，"罗丁表示，"你需要活在当下。"当你身患绝症时，疾病和医疗系统很容易就会控制你的生活。你往往要做出艰难的决定，包括接受什么样的治疗，是否参与临床实验，以及是否继续治疗。即使可用疗法的效果变得越来越差，你也仍然想把所有的时间都花费在研究最好的疗法上。如果你有足够多的钱，就会有更多经验丰富的医生、拥有新疗法的诊所、药物和手术可以选择。

但罗丁说，与其让寻找更多疗法的沮丧来偷走你的剩余时间，不如学习怎样向医生咨询敏感问题。例如，某一特定疗法是否会延长你的生命，你是否真的适合进行治疗，你期望的生活质量是怎样的，以及哪些治疗可能会提高或降低生活质量等。如果你没能找到解决这些问题的方法，那么，你会发现自己的治疗计划并不符合预期。

有人将治疗过程比作一列火车：医生最初给患者制订一个治

疗计划，一旦计划开始实施，就会自动带出一轮轮的化疗药物或其他方案。最糟糕的情况是，即使不能缓解症状或延长寿命，那些令人痛苦的治疗也会继续进行。罗丁指出，"这样火车就更容易行驶，治疗只是为了继续开具处方"，而不是停下来讨论每个决定是否对病情发展到特定阶段的患者有用。

答案并不总是明确的。有时化疗或放疗可以减少肿瘤带来的痛苦；有时患者愿意为了延长他们的生命而承受巨大的痛苦，哪怕只是多活几个星期。罗丁表示，他和其他治疗师并不想就是否继续治疗向患者提供建议，但他们确实想帮患者去理解特定选择的含义。

CALM 干预的第二个领域聚焦于重病患者对认同和关系的感觉变化。"所有让你自我感觉良好的事情都会被癌症破坏，包括你的外表、身体机能、工作能力以及处理家庭和社会关系的能力。"罗丁表示，这种情况也会发生在人际关系中。"你可能需要从人际关系中得到一些全新的东西。"也许你曾照顾过孩子或年迈的父母，但现在你将成为那个依赖他人的人。

患者告诉罗丁和他的同事，只要有机会和治疗师谈谈他们与其他人互动的不同之处，就会有所帮助。一位患者指出，癌症正在"重新校准"他与朋友的关系。他告诉研究人员："有些人非常想参与其中，因为他们想帮忙；有些人对此感到非常不舒服，甚至不愿去谈论这件事；还有些人可能想要帮我，但实际上我并不想让他们来帮忙。"这种疗法能让患者简单地做自己，而不是根据别人对疾病的反应来判断他们。

研究人员鼓励患者家属至少参加一次讨论，因为这种集体讨论可以帮助患者和家属相互支持。"在任何情况下，这样的诊断几乎都是患者和家庭的灾难，"罗丁说，"这场灾难不仅影响了患者，也影响了家庭。"

事实上，配偶有时比患者更痛苦。罗丁说："当你接近生命终点时，你的生活会变窄；你反而不再有那么多担忧。"相反，配偶往往比平时更加担心。患者不再参与家庭的日常琐事，比如去杂货店购物，准备饭菜，付账单，或者自己照顾自己。同时，患者也不再考虑长期的经济问题。然而，配偶要以不同的方式来考虑现在和未来。集体讨论可以帮助患者及其配偶能够以一种安全的方式直面这些担忧，这既不会危及他们的关系，也不会伤害彼此。

第三个领域聚焦于治疗师引导患者寻找新的人生意义和精神幸福感。罗丁说，当最初得知自己身患绝症的震惊过去之后，人们开始更深入地审视诊断是如何改变自己的人生意义的。人们总是有一种紧迫感，想为身患绝症的患者寻找人生意义。"我们确实都应该思考和临终患者在一起的价值是什么，但对于那些生命只剩下一年的人来说，他们自己也必须思考生命中最重要的是什么，"罗丁指出，"临终患者需要在某种程度上重新找回自己的意义和价值。"

第四个领域是对死亡率的关注。罗丁说，无论患者是否信教，他们都想解决变动的优先事宜和生存问题。这既能以实际的方式帮助他们，比如制定生前遗嘱和做高级护理；也能以形而上学的方式提供助益，比如接受死亡带来的恐惧。

研究人员指出，患者经常感到"在与朋友和家人讨论死亡的话题时，仿佛有一种不言而喻的禁忌，这是最让他们感到不安的问题"。在 CALM 干预中，他们可以自由地探讨自己的死亡：他们死后会发生什么，他们对痛苦的恐惧，甚至是他们不害怕死亡的事实。患者只是和治疗师讨论了死亡的话题，但这足以让他们感到很宽慰。有时，患者在与治疗师讨论了他们对死亡的感受后，就会准备和家人或朋友讨论这个话题。

罗丁说，参与 CALM 干预治疗的患者表示，在如何控制症状以及是否参加临床实验或继续治疗这两个问题上，他们喜欢这种将现实和情感（精神）结合起来的帮助。"毫无疑问，它对人们有很大的帮助。"

对于那些没机会接触治疗师或者像 CALM 这样的干预措施的人来说，仍然有一些可供学习的模型，以便帮助他们更好地处理死亡带来的挑战。其中之一就是比奥格提出的"最重要的四件事"。

最重要的四件事：一个由自己设计的模型

比奥格表示，一开始他并不确定要如何列出临终患者应该对自己所爱之人说出的四句话。很久以前，当他在弗雷斯诺市当社工和护士时，就开始聆听临终患者的声音，并帮助他们找到某种生活的决心。比奥格回忆起了他在早期临床工作中问过患者的问题，而这个问题现在他还在问：

"但愿不是这样，假设你或你所爱之人突然死去，就像我们每个人都可能遇到的那样，你会觉得你和你所爱之人还有什么重要的事没说吗？或者是你曾经爱过的人，比如前夫或前妻。"

当我以一种疑问的语气大声地提出这个问题时，人们经常会看着我，仿佛我刚刚读懂了他们的心思。他们的反应似乎在说："你是怎么知道的？"

接着我会说："嗯，你知道，这很正常。事实证明，我们对彼此都很重要。"

比奥格认为，人类具有这样一种天性，即对于我们来说，人比事物更重要。正因如此，濒死之人需要一种与自己生命中最重要之人在一起的圆满感。完成一段关系并不等于结束一段关系：

生者与死者之间的关系依旧会存在。换言之，这段关系不会随着死亡而结束。然而，当我们把所有需要与对方说的重要的话都说完时，一切关系就都结束了。

例如，比奥格觉得他和父亲的关系很圆满。虽然他的父亲已经去世了，但他们的关系仍然存在。他说："我不会说我确切地和他说过话，但当我观察到某些事情、体会到某些经历或者希望他和我交谈分享时，他肯定会出现在我的脑海里。"

比奥格提出的指导方针是为了实现一种圆满感。它是四个简洁的句子，可供临终患者对他们的所爱之人说。这些句子是比奥格从多年来与患者讨论的问题中提炼出来的：

- 请原谅我。
- 我原谅你。
- 谢谢。
- 我爱你。

后来，他加了一句话：再见。

在《优雅的离别》和《最重要的四件事》这两本书中，比奥格描述了一些他目睹这四句话发挥作用的情况，并分析了这种对话如何让濒死之人找到生命的意义和安宁。它们可以帮助濒死之人及其亲友治愈旧时的伤口。即使在良好的人际关系中，这四句话往往也会产生影响。它们让家庭成员可以彼此倾诉悲痛，分享快乐的回忆。

一旦患者开始思考这四句话，他们就会发现自己还有其他重要的事情需要告诉家人。比奥格向我讲述了他对一位转移性癌症患者的采访：

她说："我的女儿从来没有找到自我。她其实很成功。她是一位单身母亲，在选男人上不走运。她定期去波士顿看心理医生，一小时 200 美元（约合人民币 1300 元），一周两次。"我俯下身子，仔细地听她说话。

当她说完后，我回应道："你知道，你当然爱你的孩子。我不想冒犯你，只是忽然想到，如果你能对她说出这四句话里的一句，表达你的爱，并告诉她'我为你感到骄傲'或者'我为做你的妈妈而感到骄傲'，那将是一份多么好的礼物啊。我的意思是，这个星球上还有谁能送给她这样的礼物呢？"

那位母亲开始哭泣。比奥格说："我只是集中注意力，屏住呼吸，然后她就咯咯地笑了起来。这让我有点不知所措。"于是，他不解地问她："告诉我，你为什么笑？怎么了？"

那位母亲回答："那正是我女儿所需要的，比奥格医生。她需要我告诉她'我有多爱你，我有多骄傲'。"然后，比奥格和那位母亲都笑了，他们的领悟看起来是那么简单和重要。比奥格表示，如果要在书中列出的最重要的四件事上再加上一件，很可能就是"我为你感到骄傲"——父母尤其该对孩子说这句话。

比奥格一再强调一个核心问题：濒死之人仍然可以给所爱的人和社区贡献一些东西。社会上的其他人常常会忘记这一点。绝症诊断常常被理解为患者的生命已经结束，或者有意义的生活已经结束。人们会觉得，绝症患者已经没有什么可以回馈社会的了。但这不是比奥格的看法。

也许应该尽早放手

哈伦贝克看到，他的父母在临死时还紧紧地抓住他们过去的身份不放，并因此而感到痛苦。于是他向自己保证，他会尽量避免那种由自我造成的痛苦。他现在正在尝试着放下。"我认为，人们所要做的工作就是减少死亡带来的痛苦，但矛盾的是，这些工作往往必须在临终之前完成。"他对比了两位临终患者，他们的痴呆程度相似，都需要换尿布。一位患者对此感到羞愧难当，曾说过这样的话："哦，这是一种侮辱，怎么会发生在我身上？

这太不得体了。"另一位患者对护士表示了感谢："谢谢你，亲爱的，非常感谢你为我做的一切。我很感激你帮我换了尿布。"

尽管情况相似，但其中一位患者比另一位患者更痛苦。哈伦贝克认为，那些想少受折磨的人已经深刻地审视了自己的生活，并试图在临终前做出重要的改变。"那些抓住某些东西不放的人无法卸下包袱，总有一些巨大的遗憾。他们遭受的折磨最严重，没有可以简单地解决这个问题的药。"

安详地离开

即使在去世前的最后几周或几天里，人们有时也能找到平静，或者给周围的人带来有意义和体面的感觉。

我的母亲就是这样，她在家里接受了临终关怀。父亲给肯塔基州的朋友们送去了他的妻子快要去世的消息，因为他们曾经在那里生活了 40 多年。此后，信件和电子邮件陆续到达。我们会大声地读给母亲听，然后再读一遍，因为她时常在听信的过程中睡着。

母亲说："我喜欢你们的声音。"她似乎毫不在意那些我已经忘记或从未听说过的人对她的赞美和恭维——那些人说她就像他们的第二位母亲，说她是智慧之光，说她是他们唯一可以倾诉、信赖的人。

我们在读完信后，还会给她读几首诗歌，比如威廉·华兹华斯、罗伯特·塞维斯、沃尔特·惠特曼、艾米莉·狄金森、温德尔·贝里和玛丽·奥利弗的诗歌。我弟弟的孩子有时也会结结巴巴地读19世纪的诗歌。同样的诗歌在不断重复，但没人介意。

一天下午，我和儿时的伙伴坐在地毯上，唱着一首我们小时候爱唱的民歌。"啊，年轻的骑手，长着一张苹果脸，要骑马去哪里呢？"我们还唱了《耶稣基督超级巨星》里的"不要担心"那几句。我们尽可能让自己未经训练的声音变得柔和。母亲睡着了，或许在做遥远的白日梦。我们觉得自己又回到了孩提时代，手拉着手坐在房间的角落里。我们的眼前浮现了很多记忆里的场景。

母亲的眼睛又闭上了，但嘴角挂着微笑。我们轻轻地坐下来，等待着。

7

成长和遗产：

与生活危机做斗争

那些被诊断出身患绝症的人要做的不仅仅是应对疾病。他们在成长；他们在修复或加强人际关系；他们在自己有限的生命中找到了更深层次的精神或意义；他们为身后的人留下了美好的回忆。这一切的发生往往是因为他们敢于直面死亡的挑战，与痛苦和失落做斗争，而不是因为憎恨。

　　桑德斯最难忘的患者 G 夫人不仅双目失明、身体瘫痪，还遭受了几次严重的挫折。她的双腿在白天必须被捆起来，否则就会抽搐。在她离世前的两年半里，她的肌肉痉挛状况变得越发严重。然而，桑德斯认为，G 夫人在这段漫长的时间里是"成功的"。她影响了数百人，包括照顾她的护士、来看望她的家人和朋友，以及其他患者。令桑德斯感兴趣的是，G 夫人的很多不同寻常的特质都是在她生病之后才展现出来的。"临终对她而言已经变成了成长的重要手段。我们从她的丈夫那里了解到，她在生病期间反而培养出了活力、快乐和对他人的兴趣。"G 夫人的魅力无疑是非凡的，但桑德斯表示，这样的成长和发展在临终患者身上并不罕见。

　　"大多数临终患者仍然有能力去改变那些对他们来说重要的

生活方式，"比奥格写道，"他们的转变可以对周围的人产生巨大而持久的影响。"

在成为临终关怀志愿者之前，德布·卡拉汉曾是一位新生儿护士。尽管她很喜欢照顾早产的婴儿，但在目睹那些婴儿所面临的困难后，她更加明白足月生产的重要性。她说："婴儿的生长和发育需要40周的妊娠期。"卡拉汉现在是一位临终关怀志愿者，她相信生命的另一个极端（临终患者离世前的最后几个星期）里也会发生类似的事情。"这几个星期里会发生很多事情，尤其是在人际关系方面。"她发现，有些临终患者在病床边修复了家庭关系，有些临终患者给周围的人带来了更多的价值和快乐。当卡拉汉的母亲被诊断出身患绝症后，她观察了母亲面对死亡的成长和发展。"我的母亲是个有点可怕的人，"卡拉汉回忆道，"她在确诊后的转变令我感到惊讶。"

卡拉汉还记录了这样一个故事：

马尔科从克罗地亚来到了美国，我们和他成了朋友。你无法形容马尔科：他是一个讲究整洁、一丝不苟的人，任何时候都打扮得整整齐齐。他是一个老派的欧洲绅士，一个来自完全不同文化的可爱男人。他非常尊重女性。他的成长经历很糟糕：他唯一的哥哥自杀身亡，他本人参加了战争，而且他从事非法交易。我一直不知道是什么交易，但到最后，他说出了他的罪恶感。

他会修理钟表和手表，并在纽约找了一份工作。不久，他发现自己得了胶质母细胞瘤。这是一种脑癌，已经开始发作。他没有钱，接受了一些公共援助或慈善帮扶。后来，机缘巧合之下，他应聘上了芝加哥西北郊区的一份工作。他没告诉别人自己得了几乎无法治愈的癌症，刚刚做完脑部手术，就接受了这份新工作。

新工作是在一家珠宝店上班，而他住在珠宝店楼上的公寓里。大约半年后，身边人发现他的视力开始下降，身体逐渐失去平衡。因此，那位和他一起工作的 70 多岁的兼职售货员与马尔科成了朋友。售货员意识到，虽然马尔科通过珠宝店购买了健康保险，但他在这里没有任何亲人。于是她联系了另一位同事，两个人都开始帮助马尔科。另一位同事恰巧就在我当护士的那个教区。她来到我们的健康委员会，叙述了帮助马尔科的想法。教区决定接收他。我们有一个 10 人的团队，男性和女性都有。这场帮助最后成了一场持续 3 年之久的冒险。

在这场冒险中，我们经常组织开会。马尔科有时到场，有时不到场。我们这群人会讨论分工，比如谁做什么，谁开车送他，谁带食物。一切都井然有序。马尔科是汽车迷，我们计划在芝加哥车展上为他安排一次特殊的度假，这是一件大事。车展是一个正式场合，有美味的菜肴和饮料。我们买了晚礼服给他穿上，并拿到了开幕式的贵宾门票。他在那里度过了一生中最美好的时光。那真是一个非常美好的夜晚。

我并不是说一切都很完美。有时，他也会表现得非常不随和。最后，他越来越偏执。我们的团队里有一位30多岁的父亲，他是联邦调查局的工作人员。由于克罗地亚发生的事情，马尔科偏执地认为联邦调查局在暗中监视他，这个机构的一部分人正在找他。因此，我们经历了很多波折。马尔科也在精神上经历了一段非常艰难的时期。他没有受洗成为天主教教徒，但他有点——你知道，我对天主教的教规并不精通，我们属于同一个进步教区——假装自己是天主教教徒。我们都听之任之，我们的神父也一样。

对于我来说，整个故事中最糟糕的部分是我计划了危地马拉之旅。这仅仅是一次医疗任务，我们要去那里做手术，按照惯例，每年2月我们都会去，这是我固定参与的一件事情。当然，你不知道吧？我在危地马拉的时候他去世了。我只是……永远不会忘记。当时我们没有手机，也没有任何类似的通讯工具。我在危地马拉的一个儿童公园外面发现了公用电话，向别人请教了一下怎么用它，然后打了一个电话，却得到了他离世的消息，我当时有种被他遗弃了的感觉。同事说，马尔科被照顾得很好，那里有临终关怀安养院，团队里的一些成员也在他身边。最后，他非常安详地离开了这个世界。我记得当我挂上电话后，抬头仰望天空——那是一个夜晚，月亮和星辰点缀在漆黑的天空中。那一刻，我真的觉得自己和他有了某种联系。我记得自己走到了一片田野上，凝视着天空，然后想到，"每个人都干得很好，马尔科对我们来说是多么好的礼物呀"。

创伤后成长

心理学家理查德·泰代斯基和劳伦斯·卡尔霍恩写道："大善来自大难的想法由来已久。"苦难带来成长的主题贯穿了基督教、佛教、伊斯兰教和印度教。然而，心理学中支持这一观点的系统研究相对较新。1996 年，泰代斯基和卡尔霍恩创造了"创伤后成长"这一术语，将其定义为"与极具挑战的生活危机做斗争而产生积极变化的经历"。

很多受过创伤的人认为，他们在处理创伤时至少获得了一些积极的成果。按照这些标准，泰代斯基和卡尔霍恩估计，30%~90%的受过创伤的人会表示他们得到了成长。他们写道："绝大多数证据表明，面对各种各样困境的人在生活中经历了他们认为的非常积极的重大变化。"

研究人员将创伤或生活危机定义为严重挑战人们的适应力、动摇人们对世界和自身角色的理解的情况——"真正的创伤性境遇，而不是日常压力"。他们发现，那些经历过各种各样生活危机的人身上出现了积极的变化。例如，难民，人质，上过战场的士兵，性侵犯或性虐待的受害者，失去孩子的父母，失去妻子、丈夫或其他伴侣的人，以及被诊断出身患绝症的患者。目前，虽然有几项关于创伤后成长与重病的研究，但很少有专门针对创伤后成长与死亡的研究。因此，下文提到的研究主要基于创伤幸存者群体，尽管姑息治疗专业人士也报道了他们在个别临终患者身上看到的关于成长和发展的故事。

首先，我们要提出一个警告。

不要期望从创伤中成长

正如研究人员警告的那样，不要期望患者以超人的方式来应对创伤，不要期望自己或他人在创伤后成长。泰代斯基和卡尔霍恩认为，如果创伤幸存者因为没有成长而觉得自己失败了，那么，这是对创伤后成长的严重歪曲。一线希望并不能减轻创伤的可怕程度，人们不应该把令人不安的事件简单地看作成长的机会。他们提到了哈罗德·库什纳失去儿子亚伦的故事：

> 由于亚伦的离开，我变得更敏感，成了一位更能干的牧师，一位更有同情心的顾问。如果没有遇到这件事，我不会变成这样。假如能让我的儿子回来，我愿在一秒钟内放弃所有这些成就。假如我可以选择，我愿放弃所有因为各种经历而获得的精神成长，做回15年前的我——一个普通的拉比，一个中庸的顾问，一个聪明、快乐的孩子的父亲。但没有这样的选择。

即使人们在创伤后得到了成长和发展，他们的痛苦也不会减轻。事实上，人们可能同时表现出创伤后成长和创伤后应激障碍。

不是每个人都能获得这种个人成长，也不是每个人都必须实现它。研究表明，一些创伤案例中可能并不会出现个人成长。即使对于那些真正获得成长的人来说，这通常也需要时间。

创伤后成长是如何发生的?

泰代斯基和卡尔霍恩概述了创伤后成长的过程。每个人对世界的运作方式、自己所处的位置以及身份都有一套独特的信念。这些信念指导人们做出日常的决定和行动,从而能够正常生活。但是,突如其来的创伤可能会粉碎这些信念。当创伤过去之后,有些人可以重建一系列新的信念。而新的信念通常对他们更有利,能够让他们恢复得更好,更深入地与他人产生联系和共鸣。

研究人员认为,成长通常不会马上开始。创伤一过,大多数人都会经历一段需要全力应对的艰难时期。他们需要花时间处理那些发生在自己身上的事。然后,随着痛苦的逐渐消退,有些人能够以一种积极的方式做出改变。

心理学家就改变的种类达成了基本一致的观点。泰代斯基和卡尔霍恩将其分成了五个主要的领域:

- 人们找到了一种更强的力量感。因为他们相信,如果自己能够奋起迎接创伤的挑战,那么肯定可以应对其他更小的挑战。

- 人们对生活有了新的认识，优先级也发生了改变。
- 人们会与他人建立更温暖、更亲密的关系，会对那些经历过类似创伤的人更有同情心。
- 人们在生活中发现了新的可能性，会决定追求不同的职业道路或爱好。
- 人们通常会进入更深层次的精神境界。即使是那些没有宗教信仰的人，也会发现自己已经开始更加关注存在主义问题。

经历过这种积极变化的创伤幸存者会说，"我比想象的要坚强得多"，或者"如果我能承受这一切，那么我几乎可以承受任何事情"。研究人员还提到了一位高级主管的情况：他说自己患有严重的癌症，治疗也很困难，这使得他在工作中不再只是与同事肤浅地寒暄。他开始谈论他的癌症治疗方法以及这些方法对他的影响。反过来，他的同事也开始和他讨论更深入的话题。同事告诉他，他们有多么关心他的痛苦。最终，通过这些更深入、更私密的交流，这位患者和一些同事建立了亲密的友谊。

泰代斯基和卡尔霍恩提到的另一位男性患者表示，在经历了严重的心脏病发作后，他的生活发生了极大的改变。他放弃了一些之前的工作目标，优先考虑在家里陪伴两个年幼的孩子。还有一位患者的儿子自杀了，他告诉研究人员："我受到了永久的伤害，再也不会完整了。但是，我也比想象中的自己更坚强。我发现自己很同情那些因孩子而遭受痛苦的父母，也很同情那些像我一样不得不面对失去孩子的地狱般境况的父母。也许我可以用我的痛苦去帮助别人渡过难关。"

创伤不会让每个人都变得更聪明、更深刻或者更富有同情心。那么，究竟是什么让一个人更有可能成长呢？研究人员发现，性格外向的人和乐于体验的人更有可能经历创伤后成长。此外，还有少数乐观主义者和拥有强大社会支持的人。虽然各个年龄段的人在经历了创伤后都会成长，但年轻人更多。

无论是谁，大多数人都不会预先计划从创伤中获得成长。他们只是在努力地克服困难，在挣扎中生存。

创伤后成长与危及生命的疾病

影响人们是否经历创伤后成长的一个关键因素是所遭受的创伤有多严重。事实上，一个人感知到的创伤越严重，就越有机会成长。创伤必须严重到威胁人们的自我认同感和固有信仰的程度。

一项研究表明，身患绝症或处于癌症第四期的患者与经历其他类型创伤的患者相比成长得更慢。这可能是因为创伤过于严重，以至于他们在精神上停滞不前，或者他们能够用于处理心理问题的时间更少。但多项研究表明，大多数患有重病或绝症的患者至少会在一定程度上展现出成长和发展。例如，研究人员在乳腺癌、睾丸癌和骨髓移植的幸存者身上发现，大多数患者都经历了创伤后成长。另一项针对做过癌症手术的患者的研究发现，很多患者认为自己拥有了更多有益的人际关系，对生活更加珍视，并且更加明确自己的优先级。

2000 年，一项针对 24 位女性乳腺癌患者的研究指出，一些患者认为疾病是发生在她们身上的最好的事情。很多人认为，癌症为她们敲响了警钟，提醒她们什么才是生命中最重要的。一位患者说："癌症是一扇通往内心智慧的门。"另一位患者说："它让我更好地理解了活在当下的意义，那就是感激自己现在所拥有的一切。"

2007 年的一项研究发现，一些身患绝症的患者的幸福感反而会提高。例如，一位患有多种重病的患者告诉研究人员："如果从外部来看，（我的病）是一种糟糕的经历。但它让我从另一个角度去看待生活，知道什么是真正重要的，什么是不重要的。"她说，通过这番遭遇，她的精神世界变得更加丰富，她也更好地理解了生活的意义。"我们为什么会在这里？我们已经在这里待了一段时间。我们有很多事情要做。我要照顾我的孩子，用最安全的方式把他们养大成人。"这位患者表达了研究中反复出现的主题：患者所经历的创伤有时会引导他们找到生命更深层次的意义。

一位患有结肠癌和肺癌的 46 岁女性患者告诉研究人员："如果我没有身患癌症，就不会成为今天的我，也不会喜欢现在的我。我学到了太多，成长了太多，改变了太多……这是一个精神进步的机会。"

罗丁表示，人们正在处理并解决长期存在的问题。比奥格说，他在临终患者身上看到了"个人发展的巨大突破"。有时，濒死之人在面对旧问题时会产生新的紧迫感。由于时间有限，患者的问题变得更加严重。罗丁说："你可能拥有一段牢靠的关系，但当你的需求变得不同时，这段关系也变得不那么牢靠。"作为回应，一些患者和他们的伴侣会解决旧问题，进而为他们的关系提供新的深度和亲密度。

一些姑息治疗专家表示，"死亡会使人们继续进化"的观点至关重要。如果我们把死亡看作生命的最后阶段，而不仅仅是一个结束，就更有可能把它看作人类发展的有机组成部分。这也许有助于改变我们在得到致命诊断之后对生活的看法。

死亡是人生的一个阶段

心理学家爱利克·埃里克森根据年龄，将人的一生大致分为八个阶段。人们在每个阶段都有一个危机和一个主要发展任务。如果一切顺利的话，你将在完成一个阶段的任务后迈入下一个阶段。例如，第一阶段（从出生到 18 个月），你面临着信任危机。如果你的父母或照顾者给你提供了稳定感和安全感，那么，你通常会在未来的关系中产生信任感。第二阶段（从 18 个月到 3 岁），你面临着自主权的危机。你的任务是在一定程度上控制你自己和你身边的环境，比如学习如何使用厕所，选择自己的食物、衣服和玩具等。第三阶段（从 3 岁到 6 岁），你的危机介于主动性和内疚之间。第四阶段（从 6 岁到 12 岁），你面临着勤勉危机。此时，你的任务是习得一种自信的能力。

第五阶段（青春期），你的任务是找到自我认同。李说："我有一个十几岁的孩子，所以我可以看到他正在经历的这些事情。他认为自己有更多的自由，想在朋友中寻找自我认同，甚至想搬出去住。然而，他仍然有一种脆弱感，这使他必须和家人待在一起。"

第六阶段（青年期），你面临着亲密危机。你的任务是找到一个合适的伴侣。第七阶段（成年期），你面临着停滞危机。你的任务是埃里克森所说的繁殖力——创造一些比自己的生命更长久的东西，比如努力改变你所在的社区，或者指导年轻人。第八阶段（老年期），你需要反思过去。你的任务是从生活中找到满足感，并体验这种智慧。

无论你在什么年龄得知自己身患绝症，生命从那一刻开始都将进入全新的发展阶段。姑息治疗专家在这种发展性理解的基础上，帮助临终患者将死亡视作自然进程的一部分，即人类发展的最后阶段。

临终患者在人生的最后阶段也会经历成长，就像在其他阶段一样。他们同样面临着挑战。为了应对个人危机，每个阶段的成长都不容易，但最后阶段的成长或许是最困难的。在这个阶段中，继续成长意味着肯定要忍受一些痛苦。

哈伦贝克指出，将死亡视作人生的一个阶段"并不意味着我们必须热爱它"。他说："我敢肯定，它不会是我人生中最有趣的阶段。"然而，生命的各个阶段并不是孤立存在的。任何阶段都与其他阶段相互关联。考虑到人生的每个阶段都有不同的任务，哈伦贝克问道："如果死亡对大多数人来说不再是一个事件，而是一个人生阶段，那么，它的任务是什么呢？"

在埃里克森的基础上，比奥格列出了濒死之人成长的十个里程碑和任务：

1. 获得物质的圆满感，包括厘清财务、列遗嘱和拟定责任说明。

2. 获得社会关系的圆满感，包括正式的告别、请求原谅，以及向同事、亲友或社区中的其他人表达感激之情。

3. 寻找生活的意义，包括审视生活中的重大事件和成就、传递重要的故事和建议。

4. 认识到你对自己的爱，包括原谅自己过去所犯的错误、认可自己。

5. 认识到你对他人的爱。

6. 获得亲密关系的圆满感。

7. 接受自己即将死亡的现实。

8. 寻找新的自我认同，成为一个即使身患绝症也很重要的人。

9. 寻找生命的意义，建立一种"敬畏感"，认识到有些东西存在于生命之外。

10. 向比自己更伟大的人或事物屈服。

比奥格强调，即便如此，死亡也是非常独特的。里程碑既不是按照特定顺序发生的，也不是每个人都会全部经历的。比奥格观察了许多不同背景下正在面临这些里程碑和任务的人。"每个人在疾病轨迹上的位置都是不同的；每个人都代表着不同的文化、个人风格、品位和政治信仰。"然而，当生命到达尽头时，他们都想要完成一些非常相似的任务：和最亲近的人说话；立一份遗嘱；讲述自己生活中发生的故事，以确保这些记忆能够留给家人。虽然许多患者并不去教堂，但在某种程度上，他们都有精神寄托。

为什么一些临终患者得到了这种疗愈和成长，而其他人却没有得到呢？哈伦贝克认为，在面对绝症诊断和死亡预期时，很多人会快速地把注意力转向寻找一种神奇的治疗方法，而不是思考"我该怎么做"。如果更多的人能把应对死亡看作我们该做的事情，而不是别人该对我们做的事情，我们就更有可能体验到成长。

濒死之人的尊严

乔奇诺夫和他的同事在其职业生涯早期就注意到，人们常常谈论有尊严地离世的重要性。患者想快点离世的最常见原因就是丧失了尊严。然而，他发现没有任何研究能够准确地定义濒死之人的尊严。

"如果尊严值得我们为之牺牲，它就值得我们去研究。"因此，乔奇诺夫就以下问题询问了 50 位绝症患者的想法：你如何定义尊严？是什么支撑了你的尊严？又是什么剥夺了你的尊严？

患者谈论了疾病如何威胁他们的尊严，以及他们如何通过自己的态度或行动来维护尊严。他们不断地回到埃里克森提出的八阶段理论上来，并围绕着第七阶段的任务进行探讨。他们想要形成或创造某种遗产。如何被人们记住对于他们来说尤为重要。他们会问："当我离世后，我的生命及其意义是否会继续在人们的心中产生共鸣？我的生活代表了什么？我存在的意义是什么？我的离开会产生连锁反应吗？"

乔奇诺夫和他的同事开始尝试寻找一种帮助濒死之人创造遗产的方法。他们提出了"尊严疗法"。该疗法首先是介绍性会议，然后是记录性会议。在第二个会议中，治疗师会问患者："请告诉我一点你的生活史，尤其是那些你记得最清楚或认为最重要的部分。你觉得自己在什么时候最有活力？"

治疗师接下来会问："你有没有什么事情想让你的家人知道？你有没有什么特殊的经历想让你的家人铭记？你从生活中学到了哪些想要传授给别人的东西？你想传授什么样的建议或指导性话语？"

因为临终患者往往有一种"生存意愿"，所以这种引导式的反思会很有效。乔奇诺夫说："在我们的生命中，无论是当我们身患重病、即将离世时，还是当我们面对危及生命的情况时，反思和回顾有时都非常重要。"尊严疗法提供了建议，但它只是一个框架，会议的内容因人而异。对一些人来说，会议的主要内容可能是讲述他们的故事、家庭和重要的回忆。对另一些人来说，他们可能想要通过会议寻求宽恕，或者想要表达他们希望别人从他们的生活经历中带走的感情。在某些情况下，患者会通过这种方式允许他们的配偶再婚或者从另一个伴侣处寻找幸福。

会议的内容会被记录下来，而我最喜欢的就是编辑这些记录。

首先，删除记录被打断的部分，并弄清任何不清晰的地方。然后，按照时间顺序进行抄录。如果患者对生活事件的讲述是混乱的，而按照时间顺序重新整理会更清晰，那么抄录时我就会做些顺序上的调整。

任何可能对患者家属造成重大情感伤害的内容都会被省略或标记，而这些内容会与患者讨论。乔奇诺夫强调，他所做的一切都会尊重家属的感受。他说："语言是有力量的。唯一的方法就是确保有机会帮助患者，并探讨那些对家属而言可能很难听到或了解的内容。"

记录员要确保抄录以符合患者整体信息的状态结束。

这些材料一般会读给患者听，但在大部分情况下，再次修改的可能性微乎其微。乔奇诺夫说："根据具体的情况，患者偶尔会说'我还需要添加更多的东西'，于是，我们可能会增加一个其他主题的会议。"

最后，编辑好的文件会交给患者。他们可以按照自己的意愿处理它，比如，常见的做法是把它当作遗产发给家人。乔奇诺夫表示，这么做的根本目的是为患者提供一份能让他们的家人共享的记忆文本。他说："我想，每个人在生命的最后都有回顾、编辑、修改、重读不同章节的方式，而且可能会用不同的态度看待它。"

尊严疗法为患者提供了一种实际的帮助，将他们的生命故事传递给家人。这些故事在外人看来可能并不是特别有意义的，但临终患者和他们的家人知道，其中包含的记忆和建议都是独一无二的。乔奇诺夫描述了这样一位患者，"他在看到这份文件时感到不知所措，因为他意识到这就是他的本质，也是他想对妻子和家人说的话"。

对于另一位患者来说，关键在于传递信息。他在第一段婚姻中有两个孩子，但后来他离婚了，并又再婚。"他觉得尊严疗法能帮助他做一件重要的事情，那就是向孩子们解释为什么他会结束第一段婚姻，"乔奇诺夫说，"他想让孩子们知道，结束这段婚姻并不意味着他不再关心和爱他们。"

还有一位患有转移性乳腺癌的女性患者，尊严疗法帮她创建了一份档案。她一直试图自己写出这个档案，但并没有成功。乔奇诺夫记得那位女性患者告诉他，她曾一遍遍地尝试为孩子们写下自己的人生故事，但发现这个任务太艰巨了。尽管她认为传达自己家庭的亲密感非常重要，这样他们就能在她死后继续保持这个传统，但她不知道从哪里开始写起，也不知道如何去组织它。

人们可能凭直觉认为，尊严疗法适用于那些有特殊冒险经历、生活有趣的成功者，因为他们有许多不可思议的故事要讲。但乔奇诺夫发现，每个人都有自己的故事。有些故事可能非常宏大，有些故事可能非常悲伤，有些故事可能非常有趣。但唯一能讲述这个故事的人就是患者本人，因为每个人是独一无二的，经历的事情也各不相同。

绝症诊断并不意味着生命终结

当著名的神经学家奥利弗·萨克斯得知自己的癌症到了晚期时，他在《纽约时报》的一篇评论文章中写到，他并不认为自己的人生已经结束。"我反而感到强烈的生命力，希望在余下的时间里加深友谊，与我的所爱之人告别，写出更多的东西。如果还有余力的话，我想去旅行，去追求理解力和洞察力的新高度。"

对于患有绝症的人来说，时间似乎在慢动作中变得停滞不前，让他们有机会以比生命中任何时候都快的速度成长和发展。桑德斯说："我们看到，患者在几个星期内就体验了一生的经历，只用很短的时间就完成了之前需要很长时间才能完成的工作。他们似乎知道一个永恒的'现在'——所有的时间片段都静止不动。"

人们不应该期望患者在创伤中成长为英雄。但是，当一个人面对死亡时，他需要知道这种可能性的确存在，而他周围的人要允许这种情况的发生。

和其他的临终患者一样，萨克斯在 81 岁高龄的时候接到自己身患绝症的诊断。他知道自己面临一个巨大的挑战，"这将涉及勇敢、明确和清晰的表达；我试图与世界清算我的账户"。

"有时我也会去寻找一些乐趣（甚至犯糊涂）。"

8

选择：

提前结账离开

我的家人认为，母亲从停止化疗到死亡应该还有几个月的时间。外地的亲朋好友可以前来拜访。我们可以去一些具有异域风情的地方旅行，或者至少在附近的圣菲或特柳赖德过个周末。我们应该可以分享最后一个春天。

然而，我们只有3个星期的时间。

尽管那段时光有着意想不到的美丽和圣洁，但我们还是希望它缩短一半，因为母亲一直饱受病痛折磨。她已经准备好离世了，但在她死后，我们仍为她离世前所经历的那些剧痛而难以释怀。我的弟弟认为，我们当时应该找到一种方法帮她尽早结束生命。我们想在自己离世前研究这个课题。

母亲的生命对我们来说珍贵无比。在母亲死后的简短谈话中，我们曾两次提到让她早日结束生命的话题，却不知道从哪里开始谈起。如果我们咨询的话，会有人告诉我们哪些药物能早日结束她的痛苦吗？会有人告诉我们从哪里或如何获得这些药物吗？

请求护士或医生帮忙结束生命

施瓦茨是纽约州生命终结选择组织的理事会成员，他表示，参加临终关怀项目的很多患者会说："医生，我受够了。我有胰腺癌。我不想让我的家人再陪我经历这些痛苦了。请给我打一针吗啡，让我离开吧。我准备好了，我的家人会支持我的。"

此时他必须告诉患者："我听到了，但我做不到。"

该组织的临床主任朱迪思·舒瓦茨也有类似的经历。她解释道："每个人都想得到这种神奇的紫色药丸。"而患者会对她说："我今天下午有空，你能不能把它带来？这样我就可以长睡不醒了。"

她会回答："我知道你想做什么。"但是，安乐死在美国大多数州（包括纽约州）仍然是非法的。而且这样的药丸并不存在。

一些患者及其家属仍然求助于医护人员，希望他们能帮患者早日结束生命。

即使医护人员能够合法地帮助患者早日结束生命，或者提供合法的建议和支持，他们的第一反应也不是这么做，而是找出并解决潜在的问题。舒瓦茨描述了她与一位肺癌四期患者的谈话。这位患者对她说："我想死，因为我无法忍受这种恶心。"肺癌四期的症状无疑是痛苦的，甚至是令人难以忍受的，但这都可以治疗。因此，舒瓦茨告诉她："我们要控制住你的恶心；我们要进行更好的姑息治疗……如果你感到非常痛苦或者非常恶心的话，那么，你肯定想离开这个世界。所以，让我们看看能否缓解这些症状，这样你才能真正做出深思熟虑的选择。"

一旦患者的疼痛明显得到了缓解，抑或他们得到了心理支持，早日结束生命的念头常常就会消失。但情况并非总是如此。

"这与疼痛无关"

舒瓦茨还记得，她的一位朋友在给她打电话时，已经因为身患卵巢癌接受了多年的化疗和放疗。这位朋友很痛苦，想请舒瓦茨帮她早日结束生命。

"她说，'我不能再这样下去了，你必须帮我，我想知道怎样才能离开这个世界。实在是太痛苦了，我再也无法忍受这些疼痛了'。于是，我去找她。我想，'哦，我能搞定，我们只要控制住她的疼痛，她就不会再想离开这个世界了'。这是我第一次接触到这种情况，你认为这很简单吗？这并不简单。"舒瓦茨回忆道。

舒瓦茨开始意识到，日益恶化的生活质量给她的朋友带来的痛苦甚至超过了身体上的疼痛。这位朋友后来同意再做一次手术，希望能和家人一起度过最后一个假期。但手术的结果与她的预期不符，于是她回家接受了临终关怀服务。"她说，'好吧，就这样吧'。"舒瓦茨表示，她已经准备好离开这个世界了。

随着时间的推移，舒瓦茨逐渐发现，疼痛并不是大多数患者想要提前结束生命的主要原因。"这与疼痛无关，"她说，"如果你不疼的话那就更好了，但这不是人们想要离世的原因。"

患者想要提前结束生命的主要原因有很多，包括疼痛、其他身体症状、感觉生活失去意义，以及害怕自己成为负担。舒瓦茨指出，那些有意提前结束生命的人之所以这样打算，是因为他们觉得死亡过程中的某些方面无法忍受。她说："他们的痛苦来自他们的死亡方式。"

虽然提前结束生命在大多数地方仍然存在争议，但通过技术和现代医疗手段，人工延长生命的做法已经为它带来了更大的容忍度。舒瓦茨表示，那些想提前结束生命的患者都在寻求相似的东西。"人们不想在生命即将结束时陷入停滞或无休止的濒死体验中——这正是人们所害怕的。"

舒瓦茨说："他们害怕死在机器上，害怕被困在一个他们无法控制的身体里，害怕失去思想，或者害怕所有这些情况的非人性化方面。因此，他们想知道的是，他们有选择权，他们可以选择。"

"你家里有很多东西"

后来，舒瓦茨的朋友再次请求帮她提前结束生命。这次经历让舒瓦茨对其他护士产生了好奇。显然，他们也收到过类似的请求。

有10位护士最终同意填写舒瓦茨的匿名调查，并描述他们的经历。他们都经历过患者请求提前结束生命的情况。例如，患者的家属通常会用非常谨慎的声音提出问题："如果多给一点（药）会发生什么？"舒瓦茨发现，护士对这些请求的反应呈钟形曲线：

> 在一种极端情况下，护士会说："你疯了吗？绝对不行。我不会帮你的。这是违法的……"而在另一种极端情况下，护士会说："我给你开个药方，我们会想办法这么做，这是你的权利，我会帮你的。"但大多数护士都在两个极端中间徘徊："我不确定。呃，这样做对吗？这样做不对吗？我能这样做吗？我不能这样做吗？我能帮吗？我不能帮吗？"

护士是最有可能照顾临终患者的医护人员，他们往往处在减轻患者痛苦的愿望与职业道德之间。其中几位护士对患者或家属的死亡援助请求做出了如下回应："你可以做任何你认为正确的事。这取决于你。你家里有很多东西。"

他们的意思是，接受临终关怀的患者家中储存着强效止痛药，比如液态吗啡、羟考酮、美沙酮或芬太尼。这些药物是为了防止患者突发剧痛。

似乎没人知道这种情况有多么普遍，患者和家属时不时地就会决定使用强效止痛药。虽然这是可以理解的，但实际上是非法的。罗加茨说："患者通常会从临终关怀中拿到液态吗啡。照料者可能是患者的配偶或儿女，每隔3个小时左右，就会给患者一茶匙的吗啡。如果患者非常疼，他们就会多给一点。好吧，对于那些因患者的痛苦而痛苦的家人来说，你不能多说什么。"

在医疗环境下使用吗啡或其他阿片类药物并不会特别危险，尤其是对于临终患者来说。罗加茨强调，"吗啡是一种非常适合在生命末期使用的药物"，而且医学专家可以确定阿片类药物的安全剂量。

然而，即使医护人员想做与接受的培训相反的事情，他们也很难计算出帮助临终患者提前结束生命的给药剂量。"大多数人都不知道致死剂量是多少，因为这不是他们在护理学院或医学院学到的东西。"

过量摄入阿片类药物在吸毒者中引起的悲剧促使人们想知道，为什么使用阿片类药物来加速死亡会很困难。华盛顿州生命终结选择组织的医学顾问特里·劳说："为什么这些一直在服用阿片类药物的患者很难因此而死呢？要知道，除非采用注射的方式，口服致死剂量的吗啡几乎是不可能的。"这种药物必须通过胃吸收，然后由肝脏代谢，可是临终患者身上的这两项功能通常都很差。

此外，随着阿片类药物的使用，患者的耐受性在增加，减轻疼痛或缓解其他症状所需的用药量也在增加。"任何长期服用阿片类药物的人对中枢神经系统的不良反应都会产生耐受性，"舒瓦茨说，"因此，如果你已经持续一段时间服用阿片类药物，那么，用它来自杀几乎是不可能的，除非通过大剂量的静脉注射。"

然而，仍有一些临终患者设法在家里使用这些药物来提前结束生命。那些告诉患者家里有大量强效止痛药的护士表示，无论他们说还是不说，假如有人故意给患者服用致死剂量的药物，他们都会睁一只眼闭一只眼。但这样做对吗？舒瓦茨说："他们这样做是在道德上抛弃了这些家庭成员。对于家庭成员来说，这真的很难做到。"

舒瓦茨认为，医护人员不应该抛弃他们的患者。相反，他们应该努力地提供更好的症状管理服务。他们应该倾听患者的需求，并试图去理解如何提供最好的帮助。如果安乐死在他们生活的地方是合法的，那么，医护人员应该向患者解释相关法律是如何运作的。

无论患者身处何地，他们都有合法的方式提前结束自己的生命。

自愿停止饮食

施瓦茨时不时地会碰到决心提前结束生命的患者。如果患者的疼痛和症状能用较好的方法加以控制，患者明显有一定的决策能力（年龄超过 18 岁，精神健全，能够做出正确的决定），而且没有抑郁，那么，施瓦茨会告诉患者："你能做的就是停止饮食，这也是你的最佳选择。"

倡导人士指出，自愿停止饮食在美国乃至大多数西方国家都是合法的，它让患者对死亡有了一定的控制权，并不需要医生开具处方，满足了美国各州对医学上的安乐死的严格要求。

没人会轻视这个想法。自愿停止饮食虽然不痛苦，但也不容易。

舒瓦茨说："死亡并不容易，事实上，我认为它不应该是容易的。决定提前结束生命需要经过深思熟虑。我不支持自杀，而且我认为，自杀和提前结束生命有很大的区别，因为后者在更大程度上是由于临终患者无法忍受目前的处境。"

有时患者不告诉任何人就停止饮食。她说："他们会自己处理这个问题，你只需告诉他们该怎么做就行了。但我会事先声明，'你不能自己做这件事，你绝对不能自己做这件事'。"

罗加茨认为，自愿停止饮食的开端非常具有挑战性，需要大量的支持。患者在最初的几天通常都会感到很不舒服。"这不是剧烈的疼痛，但患者会感到饥饿和口渴，而后者更难忍受，"他说，"自愿停止饮食的临终关怀患者将被注射很多镇静剂，以缓解饥饿和口渴。事实上，就我目前所知，没有一位患者能在不进行临终关怀的情况下做到这一点。"

舒瓦茨表示，已经接受临终关怀服务并自愿停止饮食的患者更有可能达成提前结束生命的目标。为此，她列出了一串理由：

> 你一天到晚都躺在床上。你不能自己起来上厕所，否则你会摔断髋骨。你要戴着尿布。在某种程度上，你需要全天候的护理。你需要心理支持，需要那些能够理解你做出这个选择的人帮助你渡过难关。没有食物的生活相对容易，但没有水的生活才是真正的挑战。这会非常困难。你需要那些知道如何提供好的口腔护理的人帮助你漱口吐痰，需要他们提醒你不要吞咽，并尝试用不同的方法让你更舒服。你必须处于姑息治疗的监督下。你必须服用小剂量的吗啡、液态劳拉西泮或抗焦虑药物。

舒瓦茨指出，那些成功做到这一点的患者通常意志坚定，而且见多识广。理想的情况是，他们已经提前数月或数年配合自己的医生进行体检，从而有一定的基础。他们和自己的家人谈过这件事，每个人都知道并支持他们自愿停止饮食的计划。他们能够确保自己获得良好的医疗保健服务，以及支持自愿停止饮食的家庭健康助理。

接下来，如果时机到了，那么他们更有可能在准备充分的情况下放弃饮食。

自愿停止饮食的工作原理

舒瓦茨说："自愿停止饮食究竟是什么样的？这要看具体情况。"

刚开始的几天是最难熬的，"我们的目的是让患者处于一种昏昏欲睡、半睡半醒的状态"。这有助于缓解饥饿和口渴带来的折磨。自愿停止饮食与自然失去食欲不同，后者是一种死亡的生理反应，更多地发生在濒死之人身上。

相比之下，当患者自愿停止饮食时，他们的身体通常需要更长的时间来适应。一般来说，饥饿并不会造成太大的痛苦。大约

24小时过后，饥饿感就会消失。更令人痛苦的是口渴，尽管它也可以得到缓解。医护人员可以用水或湿棉签来清洗患者的口腔，用润唇膏来涂抹患者的嘴唇。如果他们做的超过了这个限度，比如给患者喝一点点水，死亡时间就会延长。罗加茨说："停止进食和饮水必须严格地按照字面意思理解。你不能说，'好吧，我只是偶尔喝一小口水'。这将大大延长整个过程。"他进一步解释说："如果患者在一天内服用的液体超过了半茶匙（约2.5毫升），这个过程就会延长。"

对于自愿停止饮食的人来说，当肾脏停止工作时，死亡就开始了。罗加茨表示，为了让肾脏停止工作，必须停止摄入液体。"这很有趣，肾脏不需要大量的液体来维持功能，除非液体被基本清空，只有这样体内的血液量才会减少，而血液量减少是肾脏开始衰竭的生理信号。"

舒瓦茨提到，有些自愿停止饮食的患者会改变主意。如果他们改变了主意，护理人员就必须尊重他们的选择；如果患者的记忆变得混乱，护理人员就会提醒他们早期所做的决定。有时患者渴望的仅仅是食物和液体。舒瓦茨曾接触过这样一位女性患者，她已经放弃了饮食，但突然非常想喝自己最爱的饮料。

　　一天，我接到患者女儿的紧急电话。她说："哦，
　天哪！我的母亲刚刚醒来，说她想喝一杯玛格丽塔。我

们该怎么办？"

我说："那就给她一杯玛格丽塔。"

她问："真的吗？"

我说："是的。按照她的意思做，拿一杯玛格丽塔给她喝。我打赌她只会喝一小口，然后闭上眼睛继续睡觉。"

事实就是这样。

停止饮食几天后，大多数患者开始陷入昏迷状态。这段时间的长短取决于患者的原始状况。罗加茨说："这是一个渐进的过程，大约从第 3 天、第 4 天或第 5 天开始。"大多数人在第 6 天或第 8 天就会完全失去知觉。从那以后，正如大家所知，他们就什么感觉都没有了。

患者从放弃饮食到死亡的时间比大多数人最初想象的要长：通常是 10~14 天，但总体来看在 6~24 天之间。

对于运动员来说，这个过程可能会更长，因为他们的心血管系统更强大；对于那些身体虚弱并且已经减重的患者来说，这个过程则可能会更短。舒瓦茨指出，对于癌症患者来说，这个过程所需的时间是最容易预测的。她说："我在见到患者的第一眼时通常就能判断出来。"对于大多数癌症患者来说，这个过程大约需 10 天。

虽然这种提前结束生命的方法在时间上比其他方法更长，但绝大多数自愿停止饮食带来的死亡都是平和的，几乎没有痛苦。尽管如此，舒瓦茨还是在一些患者身上看到了挣扎。他们可能并没有真正了解这个过程有多么严肃，或者他们本身就不够坚定。在某些情况下，患者会经历晚期躁动。"当器官开始衰竭，不能有效地发挥功能时，它们就不能为机体排毒。于是，像吗啡这样的物质也不会被分解和排出体外，从而在体内不断累积，"她解释道，"常见的不良反应包括焦躁不安和精神错乱，而目睹这些是一种可怕的经历。"经证明，氟哌啶醇是治疗这种焦躁不安和精神错乱的有效药物。

在其他情况下，处理口渴或饥饿是对患者的折磨。"你还有胃口吗？你还感到饿吗？你还能从饮食中得到快乐吗？这些是我经常问患者的问题。"舒瓦茨解释道。如果任何一个问题的答案是肯定的，自愿停止饮食可能就不是正确的方法。

"这并不适用于所有人，"舒瓦茨强调，"你知道，这不是每个人的选择。"

安乐死

在加拿大、荷兰、比利时、哥伦比亚、德国、瑞士和卢森堡等地区，某些形式的安乐死是合法的。在美国的 7 个州和 1 个特区，医生可以合法地为临终患者提供致死剂量的药物。按照合法化的先后顺序，它们是俄勒冈州、华盛顿州、蒙大拿州、佛蒙特州、加利福尼亚州、科罗拉多州、夏威夷州和哥伦比亚特区。蒙大拿州目前还没有通过安乐死的相关法律，不过根据法院的裁决，死亡医疗援助在该州是合法的。

俄勒冈州于 1997 年通过了相关法律。到目前为止，该州在医学安乐死方面拥有的经验最丰富。根据该州卫生部门于 2017 年发布的年度报告，自相关法律在当地生效以来，共有 1967 位患者接受了安乐死的药方，其中有 1275 位患者服药死亡。

俄勒冈州患者选择安乐死的三大常见原因在过去的 20 年里一直保持不变：一是丧失自主性，二是丧失尊严，三是参与重要活动的能力下降。患者表示，他们担心自己失去对身体的控制能力，成为一种负担，不能充分地控制疼痛，还要在一定程度上应对治疗所带来的经济影响。

相关法律下，俄勒冈州选择安乐死的男性略多于女性，这些患者最可能患的疾病是癌症，90% 的患者登记了临终关怀，其中，大多数人至少接受过大学教育。这一人群里白人占主体，年龄大多分布在 65 岁以上。虽然不是所有人都会把安乐死的决定告诉他们的家庭，但大多数人都会这么做。

美国的这些地区对安乐死的要求非常相似：患者必须是美国

居民，年龄超过 18 岁，并且患有可能在 6 个月内死亡的绝症。与荷兰、加拿大、卢森堡、哥伦比亚和比利时的医生不同，美国的医生不可以直接使用致死剂量的药物杀死患者。相反，美国的医生可以给临终患者开出致死剂量的处方，患者必须自己服用。

同时，美国要求必须有 2 位医生同意患者安乐死。如果任何一位医生认为有必要对患者进行精神评估，就需要执行这一要求。患者若第一次申请获得安乐死处方未能获准，需要等待 15 天才能提出第二次申请，而且必须是书面申请。

在患者要求安乐死的情况下，医生会诊或开具处方时必须填写报告。然而，关于安乐死的法律并没有规定他们可以或者应该开什么药。

"没有任何关于如何杀人的研究"

在那些医生可以使用致死药物的国家，使用哪种药物的问题相对比较简单。医生在注射药物时可以使用更高的剂量，而且不需要担心患者能否通过肠道吸收药物，或者是否会在吞咽药物时呕吐。例如，在荷兰，大多数医生会使用硫喷妥钠让患者陷入昏迷状态，然后注射神经肌肉阻滞剂；在加拿大，大多数医生会给患者注射一种混合药物，使他们镇静下来并陷入昏迷状态，然后给他们注射神经肌肉阻滞剂。

在美国，患者需要自己口服药物。目前，最常用的药物仍然是戊巴比妥或司可巴比妥。这两种药物最初都是安眠药。但到了2015年，美国的药店基本上不再售卖戊巴比妥。这也许是因为它被用作死刑犯的口服药物，欧洲制造商对此表示反对，但似乎没人能够确定其中的缘由。同年，司可巴比妥的价格突然上涨。休·德萨尔·波特是俄勒冈州生命终结选择组织的创始执行理事，当她在2000年第一次为临终患者服务时，司可巴比妥的价格是130美元（约合人民币870元），现在，同等剂量的司可巴比妥的价格是3500美元（约合人民币23400元）。

当价格上涨后，俄勒冈州和华盛顿州的非正式医生团队开始寻找更便宜的药物。劳就是参与这项研究的医生之一。"没有任何关于如何杀人的研究，"她说，"我们查阅了文献，试图找到一些能够普遍致命的药物。"他们最先尝试了水合氯醛，效果似乎不错。然而，患者在服用这种药物时偶尔会出现疼痛和不适的症状，医护人员和志愿者对此感到沮丧。它会灼伤患者的喉咙，还有一种特别恶心的味道。于是，医生们想出了一个更好的DDMP组合药：地西泮、地高辛、吗啡和普萘洛尔。地西泮是一种治疗焦虑、失眠等症状的药物。大剂量的地西泮和吗啡会造成患者昏迷。地高辛和普萘洛尔是心脏用药，大剂量使用会使心跳减速或停止。研究团队后来发现，这种组合药有时需要很长的时间才能起效。于是，他们增加了推荐剂量，形成了新的 DDMP2 组合药。

现在，美国用于安乐死的药物大多都是 DDMP2 组合药和司可巴比妥。

启动过程

波特认为，一旦患者决定安乐死，就需要下定决心。她说："这是一个缓慢而又困难的过程。"选择或想要安乐死的患者表示，立法为他们带来了一种解脱感，保证他们所受的折磨不会延长。然而，相关法律并不完善。波特毕业论文的重点就是俄勒冈州的立法应该如何改变。加利福尼亚州伯克利市海湾地区生命终结选择组织的创始人朗尼·沙维尔森，对其他州抄袭俄勒冈州关于安乐死的法律和传统的做法持批评态度，尽管这项法律已有 20 多年的历史。例如，由于法律不允许注射，这些药物就变得不容易预测，而且药效也会降低。法律允许任何一位医生开具安乐死处方，这么做是为了保证患者可以选择熟悉的医生帮助自己完成死亡，但沙维尔森对此表示反对。他认为，这实际上意味着那些几乎没有安乐死经验的医生也可以在这一领域工作。

沙维尔森所在的机构还有 1 位医生和 1 位护士。该机构很少公开向患者提供结束生命的选项或开具安乐死处方，除非患者提出要求且医生认为合理。他已经帮助 73 位患者进行了安乐死，并认为这些都是体面的死亡，最终给患者带来了安宁。但由于立法和实践上的缺陷，实现安乐死的过程往往像一场争斗。

　　通常，患者遇到的第一个困难就是寻找愿意帮他安乐死的医生。就目前有限且不完善的调查来看，在欧洲国家和美国，医生对安乐死的支持率落后于其他人群。例如，在英国、法国、意大利、德国和西班牙，接受调查的医生中只有不到 47% 的人支持安乐死。尽管大多数美国医生表示赞成安乐死，但实际上，许多人都不愿意开具致死剂量的处方，而且愿意开具这种处方的医生通常只会给自己的患者开。波特说："如果患者给其他肿瘤科的办公室打电话，那么，没人会在电话里回答'哦，是的，我们做，你来吧'。"

　　就在劳的内科医生生涯即将结束时，志愿者请她为一位找不到其他医生的患者开具一张致命的安乐死处方。从那时起，她先后为 180 位患者开具了安乐死处方，但她没有向任何人收费。

　　即使是那些同意帮助患者且具有法律优势的医生，常常也不想成为开具致命处方的人。相反，他们更愿意成为提供第二种意见的咨询医生，仅判断患者的资格是否符合法律规定。有时，即使医生事先同意开具致命处方，他们也会在最后关头改变主意。

沙维尔森表示，他已经接待了好几位类似情况的患者。这些患者的前一个医生原本同意给他们开具致命处方，最后却说"我不知道该怎么做，我不想这么做"。当这种情况发生时，患者必须从头开始，重新进入 15 天的等待期。

沙维尔森和波特表示，等待期有时可能长达 1 个月，大多数患者都要艰难地挺过这个阶段。这样做的目的是防止患者草率决定。"没有人会在第一次提出申请的当天就突然想到这个问题，现在他们有 15 天的时间来思考清楚，"沙维尔森说，"我们的每位想要安乐死的患者都考虑了好几年。"

不同州的法律对患者何时必须签署一份证明其意图的文件的要求不同，有时患者会对签署时间感到困惑。在华盛顿州，医生必须在患者签字 48 小时后才能开具处方。劳说："在我们州，医生必须亲自把处方交到或寄到药房，不能让患者家属带去药房。"

你什么时候服药？

波特表示，一旦患者知道他们的药放在药房里，就会有这样的感觉——"我随时都可以拿到药，随时都可以解脱"。

"我们发现，一旦患者知道一切正常且选择权掌握在自己手中，就会产生控制感——患者通常会在生命的最后阶段失去这种感觉——遇事也会更加平静。我们从患者和家属那里听到，人们在知道自己有选择权后会感觉好很多。"这是劳和患者相处的体会。

有时，患者一拿到药就服用了。波特表示，至少她接触过的患者都打算在某个时间服用这种药。"一旦整个过程结束，处方被拿到药房，我从没听到过任何人表示'我决定不吃药'。"

一些患者在等待一个重要的人生时刻，比如最后一次看望孙子，或者看一眼自己不能出席的婚礼照片。对于这些人来说，决定什么时候服药是一场高风险的等待游戏，因为他们必须有能力在心理和生理上消化它。当患者的健康状况开始不断恶化，逐渐接近死亡时，一些人失去了吞咽能力，另一些人的精神状况恶化到了不再符合法律规定的最低精神行为能力。

波特从 2000 年开始做志愿者后，一直与临终患者一起工作。她曾见过 3 次安乐死，并对此感到无能为力，因为这些患者要么在一夜之间丧失了心智，要么陷入了昏迷状态。

波特表示，还有一些患者已经失去或即将失去服药的生理能力。比如，最近她的服务对象是一位喉痹患者。医生告诉这位患者，喉痹肯定会复发，届时她将无法吞下药物。因此，她决定立即服用安乐死药物，而不是冒着无法吞咽的风险。

在加利福尼亚州，沙维尔森在开具处方和帮助患者方面的做法略有不同。他会等到患者选择死亡的前一两天再开具处方，并主动提出去药房拿处方，参与患者的死亡过程。他认为，如果任何时候处方都有效，"那么，患者有时会吃得太早，有时会吃得太晚，有时会因为早上踩到了脚趾或者和妻子吵架而吃药"。一些患者会给他打电话，表示他们已经做好了离世准备，因为他们处在剧痛中。沙维尔森会告诉患者："你正在经历的是疼痛危机。你需要的不是安乐死，而是治疗疼痛。"

有一次，沙维尔森在一位患者决定服药的当天来到了医院，发现患者的病情严重恶化。他对患者说："从昨天我们给你发药的时候开始，你的病情就恶化了。你知道吗？你做得很好。你不需要这些药了。"患者说："我真的很想吃它们。"

但沙维尔森很坚定。"不，你做得很好，"他说，"你会安然离去，逐渐失去知觉，不再和我说话。"随后，患者就在没有服药的情况下去世了。

一旦那天到来

当沙维尔森在患者预定服药的当天赶到时，"气氛比你想的要轻松，因为他们知道我要来，所以不会那么担心"。患者在见到他时会明显地松一口气。他说："我对每位患者讲的第一句话都是，'这样吧，今天没有规则，你可以制定规则，今天属于你'。"

患者当天做出的选择完全不同。劳说，一些人会播放音乐，而另一些人则喜欢安静。一位女士安排了一场类似英式茶会的活动，现场还有黄瓜三明治和下午茶。一些患者只会安排一两个人陪伴自己离世，而另一些患者则会安排大型的家庭聚会。劳回忆起了某位患者离世前的情形，当时大约有20位亲朋好友到场。"每个人都笑着、闹着，然后有人想到了一个主意，让大家挨个进来和他说再见。当这一过程进行到四分之三的时候，他说，'我不能再继续下去了'。这位患者没有心情或精力来处理这么多人的告别，于是，他选择在房间里没人的时候服药。"

波特指出，在俄勒冈州，大多数情况下在场的并不是医生，而是临终关怀护士。根据她的经验，医生和护士都不会把药物混合好直接交给患者。相反，家属或者像波特这样的志愿者会在这个阶段帮助患者。她说："我们不想让家属再经历一次必须给患者服药的情感障碍。"

当波特作为志愿者在场时，她会在备药之前问患者以下问题：

第一个问题："你想改变主意吗？你有权改变主意。"
第二个问题："这种药物有什么作用？"

（我要确保周围有患者的家人或朋友，并确保每个人都能听到。偶尔有人会开玩笑，但我会说："不，我是认真的，这种药物有什么作用？"除非患者说"死亡"或"离世"，否则我不会进行下一步。）

第三个问题："这是谁的决定？"

（我要确保每个人都听到，这是患者自己的决定。然后，我们开始准备药物。）

患者或医护人员在药房里拿到的DDMP2组合药呈粉末状；而司可巴比妥装在胶囊里，医护人员或志愿者必须打开100个胶囊，把每个胶囊里的粉末倒出来。波特说，她随后会加入4盎司（约118毫升）的水来溶解这些药物。

沙维尔森会让他的患者提前排练，以确保他们能在2分钟内喝下4盎司的液体。"为什么要在2分钟内？"他解释道，"因为如果患者服用的时间超过2分钟，可能就会在服用到一半的时候睡着。"

司可巴比妥和DDMP2组合药都是苦的。"因为它们的味道很差，"劳说，"所以我们会让患者中途喝点其他东西，比如果汁、蜂蜜、沙士或者任何他们能想到的饮品。我们会让患者用吸管喝，以掩盖那种恶心味道。"

波特表示，她过去常常告诉患者，他们可以配着苹果酱来服药。后来，有一位患者的配偶在苹果酱中加入了樱桃味的泻药，混合后的味道更好。但泻药影响了药物的化学成分，患者随后醒来了。现在，她必须首先确保其他人不会在处方里添加任何东西，等吃完药后再给患者喝任何他们想喝的东西。

患者在服用这些药物后很快就会陷入昏迷。"只有简短的对话，"波特说，"然后你会看着他们渐渐睡过去。有时他们会说，'哦，我觉得头晕'。有时家人会躺在他们身边，抱着他们，看着他们的眼睛慢慢闭上。"

沙维尔森表示，患者在喝下药物后通常会变得沉默。他说："这种感觉很奇怪。他们已经说了该说的话。"几分钟后，患者依然安静地坐着，睁着眼睛。"然后，他们慢慢地闭上眼睛。"

沙维尔森会断断续续地问患者："你还在吗？"患者一开始会说"是"，或者点点头。在5~10分钟内，患者就对这个问题没有反应了。然后，沙维尔森会轻轻地触摸他们的眼皮。"人们在没有完全失去意识时会有一种抽搐反应。"在10~15分钟内，抽搐反应消失，患者进入深度昏迷状态。劳有这样一段描述：

> 在通常情况下,他们会抓住杯子,相对快速地喝下去。我们会尽可能让他们坐得高一些并且久一些,这样药物就能进到胃里。然后,我们会让他们斜躺下来。有时我们会把他们翻向右侧,以清空他们的胃,但这一做法是

有争议的。因为患者已经说过了再见，所以很多时候他们不会再说什么。周围的人都在努力地控制情绪，尽量不哭，有时我们也会这样。最近有一位30岁的癌症晚期患者，她是两个孩子（一个6岁，一个8岁）的母亲，她为每个人做了令人难以置信的准备。当志愿者到达那里时，不少人正在道别。突然间，那个6岁的孩子走进房间，对大家说："妈妈准备吃药去天堂，快来！"

这些药物是无痛的，会让人迅速失去意识。根据俄勒冈州的年度报告，大多数患者在5分钟内就会失去知觉，处于昏迷状态。"他们只是完全地深陷其中，"波特说，"我们不知道他们能否听到我们讲话。我觉得他们不能，而有人觉得他们可以。他们进入了死亡过程。"

患者从昏迷到死亡的时间很难预测，这也是药效不一致的地方。根据俄勒冈州的年度报告，患者通常会在25分钟后才死亡，但这个间隔有时会延长到10小时甚至4天，有时可能只有1分钟。

沙维尔森发现，特定群体的患者会面临死亡时间延长的风险。这些患者往往特别瘦，以致他们吸收药物的能力受到了影响。服用大剂量止痛药的患者和心脏功能强大的运动员（即使他们已经5年没有跑步了）也有可能延长死亡时间。沙维尔森说："现在，我们会对每位患者进行关于运动史的调查。"如果他怀疑患者是死亡时间延长的高风险人群，就会改变用药剂量和方法，甚至更换处方。沙维尔森写道：

> 有位患者预定在当月 10 日安乐死，那是星期六，我想没问题。她是一个很好的人，52 岁了，患有胰腺癌。她身上有两大延长死亡时间的风险因素：其一，由于胰腺癌紧挨着肠道，它推迟了胃排空到十二指肠的时间，阻碍了十二指肠的吸收；其二，她每天都在健身房运动，进行心血管锻炼，有时还会远足，因而拥有强大的心肺功能。
>
> 她患有胰腺癌，很年轻，心脏强壮，心血管调节功能良好——这些延长死亡时间的风险因素吓到了我。于是，我们和她达成了协议：我们将使用更高剂量的药物。很长一段时间以来，这是我第一次使用水合氯醛。它是一种味道难闻但非常有效的药物。我们把它作为一份单独的剂量使用。她和丈夫有一个 18 岁的孩子，她不希望他们在她身边逗留 10 个小时等着她离世。我们正在调整药物，同时也为这个家庭做准备，因为死亡的过程可能会持续一段时间。我们会尽一切可能缩短死亡时间，也想出了万全之策。因为她不仅患有胰腺癌，还患有胃轻瘫，所以她的胃基本上停止工作了，药物会慢慢地进入

十二指肠。但是，有一种药物可以刺激胃。我们要提前给她服用这种药物，还得使用更高的剂量；我们要提前给她服用洋地黄（一种影响心脏的药物）；我们还带了水合氯醛，尽管这种药物因为味道不好本来已经不再使用了，但她愿意忍受。总之，我们正在尽我们所能。她是一位非常特别的患者。

患者自身不会受到死亡时间长短的影响，因为他们在最初几分钟后就陷入了深度昏迷状态。然而，情况并不总是这样。截至2017年，俄勒冈州有30位患者出现了并发症。通常情况下，患者会吐出药物。虽然少数患者重新恢复了意识，但这非常罕见。自相关法律生效以来，俄勒冈州发生了7起这样的案例。

劳表示，她曾参与过一位患有转移性黑色素瘤的30多岁年轻人的安乐死过程。因为他正在服用大剂量的止痛药，所以劳担心药物可能不起作用。她说："虽然违背了我的判断，但我们还是按照麻醉师的建议将水合氯醛的剂量增加了一倍。"患者知道医生的顾虑，仍然服用了额外剂量的止痛药，这可能会加重他的恶心。果然，他服用了水合氯醛后立即开始呕吐。"这太可怕了。我看到这一幕时为患者感到难过，也为患者的家人感到难过。"劳告诉他的家人，她担心药物可能会失效，因为这个年轻人吐得太多了，可能会醒来，不过他还是在4个小时后过世了。

"我们的患者都会成功地安乐死，"劳说到了她的经验，"你知道，这可能需要一两天的时间，但我们没遇到过安乐死失败的人，这令人欣慰。"

这只是许多体面离世方式中的一种

大多数安乐死的患者都很平静。虽然沙维尔森同意那些忍受痛苦的患者应该被允许安乐死，但他并不认为这在任何时候都是最好的选择。"很多方法都可以让患者体面地离世，无论这对你意味着什么，"他说，"2016 年 6 月 9 日（安乐死相关法律生效的日期），加利福尼亚州并不是从这一天才开始出现体面离世的。在此之前有体面离世，之后也有体面离世……所谓的体面离世并没有拐点。"

安乐死是平和的。沙维尔森早期曾是一位急诊医生，目睹过创伤性死亡。他表示，这与他后来参与的安乐死工作形成了鲜明的对比。"安乐死都不是艰难的死亡。它是充满爱的死亡，是预期的死亡。我的患者在临死前一直保持着清醒和警觉。"

在开具致命处方之前，沙维尔森会和患者一起阅读加利福尼亚州制定的长达 9 页的报告。许多医学专业人士都讨厌这份报告，但沙维尔森表示，"我喜欢它，这让我有时间与患者及其家人坐在一起"。

这份报告的最后有一个可选择填写的调查：你选择安乐死的原因是什么？你选择它是因为失去了自主权吗？这些问题大多都是不言而喻的。然而，还有一个小小的开放性问题：还有别的事情吗？这就像一个问答题，患者可以想说什么就说什么。

沙维尔森说："在患者回答最后一个问题时，我听到的最好的答案是'向国家表示感谢'。"

9

意识浮沉：

大脑和死亡

自从我的母亲决定不再接受新的化疗方案后，她在接下来的一周内基本上都处于睡眠或半昏迷的状态。她每隔一段时间就会醒来。有一次，她想玩桥牌游戏，于是，我们三个人拉了椅子过来围在她的床边，玩了一场离奇却又充满欢乐的桥牌游戏。其他时候，她只是显得焦躁不安。一天晚上，她半夜醒来后和我一起参观了她和我父亲的房子，观察着那些对她而言已经变得陌生的房间。在光线昏暗的书房里，我的丈夫正在做一个纪念幻灯片。当他给她展示时，她目不转睛地盯着照片里的自己。

在最后的几天里，母亲几乎完全失去了知觉。即使在她醒着的时候，身体里也只有最基础的本能指挥她去卫生间，监督她刷牙和擦洗水槽。她的注意力已经从日常生活、书本和朋友上移开了。她的注意力也离开了我们——她的丈夫和儿女。我们为失去她的关注和陪伴而感到难过；同时，我们也为她不再为我们操心而感到开心。

我对此非常好奇。我想知道，母亲的意识去哪里了。我想知道它在哪儿。

大多数人在死亡的那一刻都是无意识的

特诺表示，她也被关于临终患者意识的问题困扰着，尤其是当她与家属交谈时。

"我希望我能有更好的知识来帮助那些处于这个阶段的人们。"就特诺目前所知，当患者的呼吸规律发生改变时，他们开始进入积极的死亡过程，而最好的证据就是患者失去意识。

在离世前的最后几个星期里，患者的意识往往起伏波动。临终患者可能在几个小时内都处于昏迷、半昏迷或完全警醒的状态。但大多数身患绝症的人在生命的最后几个小时里都不会完全清醒。1998年，研究人员曾对癌症晚期患者进行过一项研究。他们发现，79%的患者在离世前的最后两周里保持着清醒状态。但在离世前的最后两天里，仅有32%的患者保持着清醒状态。随着死亡的不断临近，这一数字持续下降。只有8%~30%的患者能在离世前的最后一刻保持着清醒状态。

意识逐渐丧失的主要原因有两个：第一，用于治疗疼痛和其他症状的药物会影响意识；第二，随着身体的其他部分停止工作，大脑本身也开始衰竭。

疼痛治疗的不良反应

在发达国家，大多数临终患者会使用阿片类药物来控制疼痛或缓解呼吸困难，但这些药物往往会降低患者的警觉性。即使某种药物本身不会影响一个人的精神状态，它与其他药物联合使用也可能会影响人的精神状态，而临终患者通常需要联合用药。

然而，衡量这些药物在多大程度上会导致意识缺乏并不是一件容易的事。例如，阿片类药物通常会使患者在服药后的一两天内，变得昏昏欲睡或意识减退，但患者很快就会对这种药物产生耐受性。一项研究表明，那些阿片类药物服用剂量显著增加的癌症患者表现出的认知损害也在相应增加，但这种损害会在一周后消失。此外，一些药物甚至会让患者变得更加警觉，因为它们在治疗疼痛的同时可能会降低心智功能。

研究人员在测试那些从未服用过阿片类药物的癌症晚期患者时发现，很多患者的警觉性和认知功能都比健康人弱。这些测试强调了神经学家已经知道的事实：阿片类药物和其他药物并不是导致临终患者逐渐丧失意识的唯一因素。

当你死的时候，大脑也会停止工作

达特茅斯学院的神经学家、脑死亡研究的权威人士詹姆斯·伯纳特认为，人死后大脑会发生什么变化取决于所患疾病的种类或者患者的身体状况，但死亡会改变身体的化学物质，进而影响你的大脑。例如，如果你患有晚期转移性癌症，就会逐渐停止饮水，进而导致身体脱水。脱水又会导致低血压。这种情况也可能会干扰你体内的电解质平衡，影响钠和氯的水平。

伯纳特说："脑细胞极其敏感。"为了发挥功能，神经元需要特殊的环境，包括合适的温度、适量的氧气和葡萄糖。即使是20秒的氧气和葡萄糖供应中断，也会影响大脑的工作。"因为大脑不储存任何燃料，所以氧气和葡萄糖供应中断立刻就会对大脑造成损伤。"他解释道。

当人们接近死亡时，代谢性脑病是解释大脑情况的最好模型，这意味着整个大脑的化学反应都被打乱了。这种类型的脑损伤可能会影响视力和听力，使患者产生震颤并变得虚弱。此外，它还会影响大脑的思维和意识。"患者通常会变得更加嗜睡且行动迟缓，除睡觉外，其他时间也是无意识的，"伯纳特说，"这是死亡过程中脑细胞代谢紊乱造成的后果。"

一旦大脑出现故障，所有神经元都会受到影响。因此，我们很难确定具体哪个部分受到的影响最大。神经学家知道，适应力最强的脑细胞是人类进化早期形成的，比如脑干细胞。从进化来讲，大脑的这些部分是最古老的。伯纳特说："如果你观察人类的脑干和短吻鳄的脑干，就会发现它们非常相似。"脑干是大脑中帮助你保持清醒的部分，极少会受到致命疾病的破坏性影响。然而，即使脑干细胞正常工作，人也可能会处于无意识状态。

人类进化后期形成的脑细胞更容易受葡萄糖和氧气供应中断的影响。这些细胞位于大脑半球和海马体，负责让一个人意识到自己的主观体验。因为代谢性脑病首先会影响大脑的这些部位，而且影响很严重，所以大多数临终患者都会逐渐丧失意识，尽管他们大脑中负责呼吸或心跳的其他部分仍在继续发挥作用。

觉醒与觉知

多年来，神经学家已经把意识分为了两个维度：觉醒与觉知。你可以拥有二者之一，但只有同时拥有二者才能保持清醒。例如，处于昏迷状态的人既不是清醒的，也不是有意识的。相比之下，处于其他状态的人可能是有意识的，但不一定是清醒的，比如睡觉和做梦的时候。处于植物状态的人是清醒的，但没有意识。他们的眼睛每天都可能会睁开一段时间，到了晚上再闭上睡觉。然而，他们没有自我意识和环境意识，不能思考。换言之，他们没有主观体验。从意识层面上讲，他们已经"走了"。

如果医生有什么疑虑，他们就会试图确定患者是否有意识。如果患者的眼睛是睁开的，他们就会问患者问题。无法口头回答的患者可以通过头部运动、肢体动作或眼球转动来发出信号。即使患者的眼睛是闭着的，神经科医生也可以用一系列床边实验来检查患者的意识。他们会让患者伸出舌头，摸自己的鼻子，踢东西，或者握住医生的手。他们会发出巨响，然后观察患者的眼睑是否因此而颤动。

如果患者仍然没有反应，那么，确定他们是否有意识会变得更加困难。当患者濒临死亡并进入半意识或无意识的状态时，"我们无法知道患者在多大程度上拥有意识，只能将他们做出的极少反应作为判断其意识的迹象"。伯纳特说："我们无法进入患者的大脑，无法看到那里究竟发生了什么，无法体验他们的经历。因此，我们通过患者对刺激的反应来推断他们的意识状态。如果患者不能对刺激做出很多反应，而我们也真的不知道到底发生了什么，那就只能认为他们是无意识的。"

在觉醒和觉知的连续过程中，还有一些人处于部分清醒或部分有意识的状态。这恰恰是临终患者在变得完全无意识之前可能会经历的状态。2002 年，研究人员针对这一类行为不一致的严重脑损伤患者提出了新的官方名称：微意识状态（MCS）。微意识状态与植物状态的不同之处在于，其患者偶尔会表现出明确的有意识迹象。

然而，二者很难区分。人们基本上无法确定一个失去知觉的患者是清醒却无意识的，还是在一定程度上有意识的。

看透别人的心思

加州大学洛杉矶分校脑损伤研究中心主任大卫·霍夫达认为，在过去的几年里，神经学家已经取得了重大突破，我们已经看到了一线曙光，有朝一日便可以与无意识或无反应的患者进行交流。霍夫达说："虽然我们现在使用的技术已经非常卓越，但是与大脑直接交流或与处于昏迷状态的患者进行交流的相关研究才刚刚起步。"

这正是 2010 年霍夫达给我发来的一项神经学研究报告中提及的事情。他说："我们还没有发表它，愿上帝保佑一切顺利。"在这项研究中，阿德里安·欧文、史蒂文·洛雷和其他 6 位研究人员尝试用新方法来测试 54 位昏迷患者的反应。这些患者都有严重的脑损伤，其中 23 位患者的脑损伤尤为严重，他们被诊断为植物状态，"清醒但没有意识"。不过，神经学家后来发现，他们中的一些人被误诊了。

这是我最喜欢的实验之一。患者躺在功能性磁共振成像扫描仪中，想象两种不同的活动，中间有 30 秒的休息时间。在第一部分实验中，研究人员让患者想象自己正在教练的指导下挥动网球拍，来来回回地击打一个网球。整个过程持续 30 秒，然后间歇休息。在第二部分实验中，研究人员让患者想象自己在家中从一个房间走到另一个房间，或者是在熟悉的城市的街道上漫步，并想象自己在漫步中可能会看到什么。

对 5 位患者的测试（其中 4 人被诊断为植物状态）取得了显著的成果。运动皮质是大脑的中枢。无论是实际的身体运动，还是想象中的身体运动，它都在恰当的时候发出了信号。显然，这些患者能够想象打网球的情景，并且能够在休息的时候停止运动。在想象漫步的空间任务中，其中 4 位患者的大脑中与空间想象有关的部分被激活。

研究人员对其中 1 位患者进行了额外实验，并加入了对照组：每位被试者都接受了功能性磁共振成像扫描，并被问了几个容易验证的问题，比如"你父亲叫亚历山大吗？"。研究人员让被试者想象一个"是"的答案和一个"不是"的答案。结果显示，在每种情况下，被试者都能正确地"回答"5个问题（共有6个问题）。

霍夫达谨慎地试图避免夸大该研究的意义。事实上，大脑在实验过程中按要求做出反应并不能显示大脑在其他时候的状态。不过，至少对于这5位患者来说，他们的大脑仍然具有意识和功能。在使用功能性磁共振成像扫描仪检查之前，医生一直无法确定这些患者是否至少有部分意识。

自这项实验开展以来，研究人员一直在不断地了解处于微意识状态的患者。医生无法通过常规的床边实验检测这些患者的意识。一项研究发现，当处于微意识状态的患者听到自己的名字时，他们的大脑会做出反应，但比健康人的大脑反应要慢。其他研究表明，这些患者至少有部分意识。例如，他们似乎保留了一部分语言识别能力，并能感觉到疼痛。

然而，对于处于微意识状态的患者而言，研究人员还有很多不知道的地方。伯纳特认为，微意识状态实际上应该被称为"微反应状态"，因为一些患者的意识可能是正常的。"我们知道，患者不会做出很多反应，"他说，"我们不知道患者在多大程度上是有意识的，因为我们不能直接测试。"同样，我们很难确定患者的感受，很难了解这种处于有意识和无意识之间的状态可能是什么样的。

意识不像开关

人类的意识是非常复杂的，神经学家并不能完全理解它的工作方式。即使一个人意识完整并能进行交流，正常意识中的主观体验也是非常复杂的。神经学家卡罗琳·施纳克斯曾接触过微意识状态和植物状态的患者。她解释说，假设你曾去到一家餐馆，然后打算向朋友描述你的这段吃饭经历。这涉及大脑的注意力、工作记忆和长期记忆，需要视觉、听觉和嗅觉的感知处理经验。当你和同伴吃饭聊天时，你的大脑必须同时处理你对食物的感受和对交谈的情绪。当你讲述这段吃饭经历时，它必须计算出餐馆的饭菜对你的重要程度，是否足以让你联想到当时的同伴，于是，你采用了可以观察自己和自身经历的元认知。

当你的意识功能正常时，这不过是记住一顿简单的餐馆饭菜。但对意识障碍患者而言，大脑运转过程是非常困难的。伯纳特表示，针对这些患者的实验存在一个棘手的问题：当患者的大脑做出反应时，他们本人是否知道？前文提到的想象实验证明，当患者的大脑在做出反应时，他们的意识同样也在工作。患者能够回答"是"或"不是"的事实表明，他们知道自己的大脑正在经历什么。然而，这并不总是容易得到证明的。伯纳特举出了面孔失认症（俗称脸盲症）的例子。患有这种疾病的人会失去辨认面孔的能力，只能看到眼睛、鼻子、耳朵和嘴巴等，但无法把这些部分组合成一个整体，无法识别对方是谁。在一项针对面孔失认症患者的实验中，研究人员向患者展示了一些名人的照片。他们询问患者关于这些照片的信息，同时监测患者的心率、呼吸频率和体温等生理反应。

面孔失认症患者告诉研究人员，他们不认识这些脸。但是监视器却显示出了其他东西：患者看到熟悉面孔的生理反应与看到陌生面孔的生理反应明显不同。这说明即使患者没有意识到这一点，他们的大脑在某种程度上也能够识别熟悉的面孔。伯纳特对此惊叹不已："即使患者没有意识，他们大脑中的某些东西也正在记录。这不是很有趣吗？这证明了意识是一个相当复杂的现象，并不仅仅是由一个简单的'开关'控制的。"

对濒死之人的影响

濒死之人的意识状态更难研究。"我们对濒死之人的经历了解多少呢？"伯纳特说，"目前没有什么成果，人们还没有真正研究它。"即使医生可以更准确地估算患者的死亡时间，大多数患者或家属也会反对在临终前的几个小时里将监测大脑的电极安装在患者的头部。

施纳克斯表示，当一个人非常接近死亡且不再有反应时，这种意识状态通常被称为"昏迷"。与刚从昏迷中走出来的微意识状态患者不同，这些患者正在进入昏迷状态。她说："你在昏迷状态下什么都感觉不到。因此，你既听不到周围的声音，也不会产生任何复杂到足以使你记住的经历。"如果我们将昏迷患者放在扫描仪中检测，就会发现他的大脑活动非常少。甚至连处于睡眠状态的正常人的大脑也比这些患者的大脑更加活跃，因为前者还可以做梦。据神经学家所知，昏迷患者根本没有主观体验。

然而，临终患者进入最后的昏迷状态之前会发生什么呢？如果无反应的临终患者（比如微意识状态患者）有时仍然是有意识的，而不是无意识的，那会怎么样呢？

伯纳特认为，神经学家对微意识状态患者的研究为理解临终患者的意识带来的最有意义的信息是，临终患者的意识程度可能比医生想象的要高。他相信："濒死之人的意识程度比人们通常想象的要高。"处于这种半意识状态的临终患者可能仍在思考、做梦，或者部分意识混乱。

但伯纳特和其他神经学家指出，将这些研究（比如想象打网球的实验）的成果应用在濒死之人身上时要非常谨慎。濒死之人的意识和微意识状态患者的意识并不完全相同。而植物状态和各种微意识状态更像是粗略的分类，而不是纯粹的诊断。伯纳特说："它们在所涉及的大脑区域、受损的严重程度、病因和许多其他因素方面可能迥然不同。"例如，心搏骤停或脑炎会导致缺氧和供血不足，造成创伤性脑损伤、颅内出血或神经元损伤，从而使患者进入微意识状态。"虽然它们是由不同的情况造成的，但都能产生相似的临床症状。所以，情况有点混乱。"

即使是处于特定的微意识状态的患者也可能比其他患者具有更多的自我意识。伯纳特说，微意识状态患者的意识可能是间歇性的或部分存在的，也可能只对某些刺激有反应。

正如在微意识状态患者身上发生的情况一样，濒死之人的意识状态也存在很大的差异。这取决于一些因素，包括大脑跟身体其他部位相比的退化速度，以及大脑在临死前的分解程度（比如代谢性脑病的严重程度）。伯纳特说："代谢性脑病的严重程度分很多级，而轻度的代谢性脑病只会造成轻微的意识错乱、思维缓慢和反应迟钝。"

意识错乱

还有另一种模型可以用来辅助思考濒死之人的大脑里发生了什么。当濒死之人患上代谢性脑病时，这种疾病的名字经常与另一个更为人熟悉的术语交换使用——谵妄。医学界最近才开始意识到，谵妄是一个严重的问题。格兰特说："这是大脑功能紊乱的迹象，说明一些东西正在引起意识的改变。"谵妄与痴呆在症状上类似，但前者往往发病更快，只需几个小时或几天。谵妄患者会失去集中注意力的能力和对周围环境的意识。他们的思维不再清晰，意识也变得模糊。他们经常感到困惑和迷茫，在记忆、阅读、写作或理解方面可能存在问题。其中一类谵妄患者会变得非常不安，而另一类谵妄患者会进入昏睡状态。

大多数代谢性脑病都会引起谵妄。造成该病的还有其他原因，比如药物戒断、中毒和精神障碍。最常见的原因之一就是死亡过程，60%~88%的临终患者都会在某个时刻出现谵妄，这种情况通常是患者的生命只剩下最后几天的信号。

格兰特说："那么，是电解质异常导致了死亡吗？是身体分解的方式影响了大脑吗？是持续性的氧气含量降低造成了这样的结果吗？我认为，人们目前没有一个很好的解释。但我经常在医院和临终关怀安养院看到这种情况，然后会想，'她可能只剩下几天了'。"

在一项针对154位癌症患者的研究中，精神病学家威廉·布赖特巴特和他的同事收集了有关这种经历的证据。他们发现，这些患者至少出现过一次谵妄。大多数患者都接受了抗精神病药物奥氮平的治疗，并从谵妄中完全恢复了过来；但有53位患者在研究结束前离世。50%的康复患者还记得自己的谵妄经历。这些患者在处于谵妄状态时能听到亲属和工作人员的谈话，后来，他们记起了包括幻觉在内的其他经历。布赖特巴特和他的同事指出，80%的患者记得自己的谵妄经历，但这种经历对他们来说是痛苦的，特别是那些可怕的幻觉或错觉。

然而，这种情况和它所带来的影响并不容易归类。格兰特解释道：“谵妄的本质是意识状态时好时坏。因此，患者可能在前一分钟还头脑清醒，而后一分钟就不再清醒了。这正是评估和管理它的困难所在。”格兰特在临终关怀安养院工作的时候，经常需要给患者家属解释谵妄的影响。她说：“因为老人突然就开始胡言乱语，或者说她看到了一些东西，而她以前从未出现过幻觉。这对整个家庭来说是十分痛苦的。”

谵妄的发病程度从轻微到严重不等。它会以不同的方式表现出来，并导致一系列影响患者警觉性和认知功能的症状。谵妄主要分为两种类型：高活动型谵妄和低活动型谵妄。低活动型谵妄患者表现为精力不足，意识不清。格兰特开玩笑说，这些患者被医护人员称为“好病人”，因为他们安静地躺在病床上，不会给忙碌的医护人员增加任何麻烦。不过，他们的情况仍然需要评估和治疗。相比之下，高活动型谵妄更常见，这些患者往往焦躁不安，可能会出现幻觉或错觉。高活动型谵妄有时也被称为“焦躁不安型谵妄”。一些患者会变得非常焦虑，他们可能想从病床上爬起来或脱掉衣服。格兰特年迈的公公摔断了髋骨，濒临死亡，但他却神志不清，不记得自己骨折了。"他一直想从病床上爬起来，"格兰特说，"这是一个悲剧，因为他意识不到（自己骨折了）。大家只能把他绑在医院里，但他不明白为什么自己要被绑起来。这让他更加焦躁不安。"

格兰特表示，虽然她的公公经历了种种意识错乱，但从她个人的临床经验来看，谵妄似乎并不会让患者感到痛苦。"因为患者不知道发生了什么，所以他们只在那一刻感到痛苦。他们说自己看到了过去的人，或者看到了床脚的天使。我不知道到底发生了什么，但他们似乎并没有为此而感到不安。"

事实上，这些患者常常会发现那些幻觉或错觉是令人欣慰的。格兰特说："他们不会因为看到已经去世的亲人而感到害怕。"

濒死之人的梦境

哈伦贝克说："大多数缓慢死亡的人在临死之前都会经历明显的意识错乱。"他的学生们发现，失去理智和现实基础的预期是可怕的。当哈伦贝克和学生们谈论这个问题时，他问道："这为什么让你们感到害怕？你们每天晚上都会做疯狂的梦，问题不在于做梦，而在于做的是美梦还是噩梦。"

哈伦贝克指出，当我们晚上做梦的时候，"我们都是疯子"。他说："幸运的是，我们处于麻痹状态。因此，我们在梦到自己像超人那样飞行的时候不会伤害到任何人。重要的是内容，而不是意识错乱。"布赖特巴特等研究人员已经发现，谵妄虽然是一种真正的疾病，但可以治疗。很多姑息治疗专家的研究和经验也表明，一些患者在思想偏离现实的时候会产生积极的情绪。濒死之人的做梦状态和意识错乱似乎既有积极作用，又有消极作用，就像我们在正常睡眠时所做的美梦和噩梦一样。

在我母亲离世前的最后几个星期里，她的思想好像经常飘浮在其他地方。有时她会在空中举起自己的手臂，用手去摘看不见的东西。那时我还不知道，这种摘东西的行为在濒死之人身上很常见。

一次，我抓住她的手，问她在做什么。她回答："收拾东西。"我看到她露出了梦幻般的笑容。

濒死之人的梦境是什么状态？哈伦贝克希望神经学家监测他们的脑电波。"我推测，表示睡眠的波会叠加在表示清醒的波上。也就是说，清醒与梦境之间的'防火墙'崩溃了。"

哈伦贝克认为，无论死亡的半梦境状态是什么，对于大多数人来说它都是令人愉悦的。他说："在母亲去世的那天，她让所有她养的动物在她面前游行，高兴得不得了。这种事情非常普遍，而且是跨文化的。"

然而，实际的幻觉内容可能取决于一个人的特殊背景和经历。有些人产生幻觉可能会看到带有羽毛翅膀和光环的天使。哈伦贝克在帕洛阿尔托的退役军人安养院担任医生时，遇到了一位出现幻觉的绝症患者。患者看见门口站着的不是天使，而是警卫员。这位警卫员对他说："长官，请回去。现在还不是你部署的时间。"

哈伦贝克指出，这些幻觉不同于一些人所说的濒死体验。濒死体验涉及一些经典感觉，包括走向一束光，或者通过一个隧道。但幻觉很有可能与现实交织在一起。例如，患者会告诉护士或家属"不要坐在那里，椅子上有一个婴儿"，或者会问他们"那个走过去的孩子是谁"。

见到已故的亲人是患者经常出现的幻觉。哈伦贝克认为，这些经历在患者的脑海里完成了一个生与死的循环。

传统的医疗系统低估了这些经历在濒死之人身上的普遍性，甚至连临终关怀也是如此。哈伦贝克说："当患者处于意识错乱的边缘状态时，他们往往知道将这件事告诉医生可不是什么好主意。"有一次，哈伦贝克注意到一位患者的女儿在读《光的引导：遵循天使的指引》。他问她看这本书是不是想知道父亲去世后会发生什么。她说："不，在过去的两个月里，父亲的房间里塞满了去世的亲人，我想弄清楚他们到底在那里干什么。"事实上，哈伦贝克每天都去看望那位患者，而患者本人从未提及自己见过已故的亲人。

于是，哈伦贝克学会了寻找线索。他说："当患者看起来有点意识模糊时，我会看着他们的眼睛，然后问他'看到了什么'。"如果哈伦贝克施加压力，患者有时就会承认自己出现了幻觉。例如，一位患者坦言："哦，你不会相信，我死去的祖母就坐在那里。"然而，他们通常不会这么做。

在纽约州布法罗市郊外的临终关怀中心，由克里斯托弗·克尔博士领导的研究人员一直在研究濒死之人的梦境。他们认为，家属和医护人员有时无法认真地对待濒死之人的梦境，部分原因是许多濒死之人一会儿处于谵妄状态，一会儿又恢复正常。该研究有一个突出的特点：他们采访的是患者本人，而不仅仅是其家属。

88% 的受访患者表示自己至少出现过一个梦境或幻觉。这些梦境通常与正常的梦境感觉不同，似乎更加清晰且真实。《姑息医学杂志》上的一篇关于这项研究的文章称，濒死之人的梦境更加强烈，许多人都感觉像他们清醒时的经历一样。

他们究竟梦到了什么呢？72% 的患者梦到了与已故亲人的团聚；59% 的患者梦到了去某个地方旅行；28% 的患者梦到了过去有意义的经历。（研究人员每天都会采访这些患者，直到他们去世或者不能讲话。他们发现，同一个人经常会梦到多个不同的主题。）

基于对患者的研究工作，布赖特巴特认为，这些梦境就是伴随着谵妄出现的幻觉。但布法罗市的研究人员认为，这些梦境与幻觉或谵妄不同。他们指出，谵妄或意识错乱的患者往往会出现思维瓦解，变得焦虑或激动，对周围环境感到困惑。虽然一些患者在接受采访时表现得神志不清，但研究人员认为，他们在描述自己的梦境时却头脑清醒。

布法罗市的研究人员发现，这些梦境是令人欣慰的积极的体验，这也是施瓦茨所观察到的情况。他认为，患者正在梦境里与离世的家人见面和交谈。这些幻觉对患者来说非常真实，而且几乎都是积极的体验。施瓦茨说："当这些事情发生在他身上时，他们感到非常释然、快乐和喜悦。他们曾经的恐惧都被消除了。"他指出，患者在看到幻觉之后通常会欣喜若狂。施瓦茨曾坐在一位临终患者的床边，而那位患者告诉他，她的哥哥就在房间里。她在临终关怀安养院度过了两年的快乐时光。

虽然这些幻觉通常都与已故的家人有关，但有时也涉及其他的人或主题。一位临终患者向施瓦茨描述了自己看到被光和美包围的天使时的幸福心情，这让临终关怀团队潸然泪下。因为患者能够清晰地表达自己的幸福，所以他的所见所闻变成了一份赠予家人和临终关怀团队的礼物。施瓦茨说："这是一份礼物。这种经历也令人强大。你知道我们都会死，我们有着同样的恐惧，担心当这一切发生时，我或我的家人会怎么样。"

我的母亲在临终前有意识吗?

在母亲离世前的 3 个星期里,我也有一种收到礼物的感觉,因为很多经历都充满了意义和家庭的亲密感。但据我所知,母亲并没有出现和已故亲人交谈的幻觉。我只知道她经历了不幸,而且受尽了折磨。

"你知道不是每个人都能平静地度过那个美好的夜晚,对吧?"舒瓦茨警告道。就像意识时有时无一样,很多濒死之人也能感到平静。母亲在最后 1 个星期的意识状态似乎与布赖特巴特所描述的低活动型谵妄最为符合。低活动型谵妄患者会感到自身能量流失,而且会随着大脑的退化逐渐进入昏迷状态。

然而,这并不意味着她的意识会在最后几天完全消失。经过几十年来对创伤性脑损伤患者的观察,神经学家已经探索出了脑损伤的机制。近年来,新技术让人们对半昏迷患者的状态有了更多的认识。伯纳特强调,虽然最近的研究让人们的知识水平有了很大的飞跃,但意识模型的本质仍然没有变。目前人们仍然没有找到一种方法来解释"大脑中这块重达 3 磅(约 1.36 千克)的白色和灰色物质是如何让我们能够欣赏莫扎特、红色和其他东西的"。

伯纳特在意识到我们对大脑理解的局限性时变得谦逊起来。他说:"作为一位对昏迷、植物状态和意识障碍感兴趣的神经科医生，我学到的一件事是，如果我们临床医生在评估某人的意识水平时犯了错，那么，大多数情况都是将有意识的患者误判为无意识的患者，而反过来的情况极少出现。"

神经学家吉莫·博尔吉金也说过类似的话："我们不了解大脑的死亡过程。"她在研究这个课题的时候表示，"我越研究，就越发现我们对大脑死亡过程知之甚少，即使它会发生在我们每个人身上，我们对此也仍然一无所知"。

舒瓦茨告诉我，她的母亲在临终时基本上都处于半意识状态或睡眠状态。舒瓦茨说："在她去世的前一天，我非常清楚地意识到，如果我和她说话，就会把她从某个地方拉回来。我非常清楚地意识到，那个地方对她来说很舒适。当我问她问题时，她不得不费力地离开那里再回答。"

"所以我不再那么做了。"

10

濒死体验：

临终前的几个小时

死亡通常还有一个最后阶段，即迅速恶化的衰退期。在离世前的两三天里，一些患者会因为过于虚弱而无法咳嗽或吞咽，他们的喉咙后部有时会发出一种像猫咪咕噜的声音。这种声音可能会让目击者深感不安，好像患者正遭受着剧烈的疼痛。

据我们所知，那不是一个人即将离世的征兆。事实上，医护人员认为，这种被称为"临终喉鸣"的现象可能并不会对患者造成伤害。哈伦贝克说："在正常情况下，这对任何人来说都很困扰，但对濒死之人来说却几乎没什么影响。"

越来越多的研究开始揭示死亡的征兆和症状、患者的感受、濒死体验背后的科学，以及那些关于死亡过程的信息。

这些见解很诱人，但也说明了我们知识的局限性。我们谈论死亡的方式通常是描述目击者的所见所闻，而不是直言濒死之人的体验。舍温·努兰在《死亡之书》中写道："我们所说的'死亡的痛苦'通常是指由血液的末端酸性引起的肌肉痉挛，但濒死之人已经无法意识到它了。"

在那些关于我们死后会发生什么的研究中，濒死之人的真实感受与周围人（家人、朋友或医护人员）的所见所闻之间的区别仍然是一个谜。

我们对濒死之人临终前的体验了解多少呢？

事后看来，死亡的时间很容易判断

我的母亲在离世前的最后两周里已经做好了准备。她停止了化疗，身体开始衰竭。有一次，她问临终关怀护士自己还有多长时间。护士可能出于同情心，给母亲说了一个大概的时间：3天。

第3天过去了，然后是第4天、第5天。

我清楚地记得，当我扶她去浴室后，她一直盯着镜子。她在刷牙，但突然停了下来，审视着自己的样子。我不知道她是否能看到。"这太不公平了，"她说，"那个护士说我的生命只剩下3天，这太不公平了。"母亲被这个不准确的预测弄得心烦意乱。她以前从不批评护士或医生，也不会抱怨自己的病情。

如果是在比较健康的时候，她应该会意识到自己问的问题可能不太公平。医生虽然可以判断出患者快要离世了，但很难准确地预估死亡时间。研究表明，医生在80%的情况下都会因为过于乐观而犯错。阿彭策勒说："我们没有水晶球。"

关于死亡的时间，格兰特这样写道：

死亡何时到来？我曾帮助一些患者在没有生理意义的情况下继续活着。他们在几天前就该离世了。我曾接待过这样一位患者，他住在临终关怀安养院，体温高达105华氏度（约40.6摄氏度）。他得了败血症，全身感染。我们没有给他输液，我们什么也没做。这位患者来自亚洲，他的家人已经在前来和他告别的路上了。他一直坚持到家人下了飞机。这一点我无法解释。我还遇到过一位老太太，她已经停止饮食两三周了，但依然活着。他们并没有醒来，只是在死亡的边缘徘徊着。他们在等人吗？现在还不是时候吗？他们希望家人不在场吗？

当医护人员说某位临终患者"垂死"时，这通常意味着患者的生命只剩下最后的几天或几个小时。当医护人员可以确定患者所剩的时日不多时，他们才会使用这个术语。

根据症状的急剧变化，临终关怀工作人员通常能大致判断出患者的死亡时间，并告诉患者本人或其监护人。阿彭策勒说："我们可以了解一些情况。"在离世前的最后一周里，你的身体状况会持续地恶化；到了最后两天，你会变得反应迟钝，症状加重。为了保护心脏和大脑，你的身体开始放弃一些不那么重要的功能。

你逐渐感到昏昏欲睡，变得更加疲惫和虚弱。你待在床上的时间也会变得更长。你的肌肉功能迅速开始退化，心脏跳动逐渐变弱。这意味着输送给肾脏的血液在不断减少。然后，肾脏和其他器官开始衰竭。

尽管研究人员能够识别一般的死亡迹象，但仍然很难确定患者的死亡时间。"我经常听护士们说，'他们快要过世了'，我听护士们说了好几个星期，"阿彭策勒讲道，"但这几个星期内没人过世。"

胡伊想知道，是否有更科学的方法来做出预测。因此，他和同事梳理了研究文献中提到的濒临死亡的迹象，然后与姑息治疗医护人员进行了交谈。他们在第一项研究中列出了一个清单，包含临终患者所需监测的十大症状。

胡伊在后来的研究中发现了更多的症状，其中既有启发性的征兆，也有令人不甚满意的迹象。在预测死亡是否即将来临时，患者表现出的症状可能并不可靠。但如果患者表现出一种或多种症状，比如临终喉鸣、呼吸不规则、对视觉刺激的反应减弱，那么他很可能会在 3 天内死亡。将这些症状结合起来可以更可靠地判断患者是否将要死亡。胡伊指出，如果患者能走动，各个器官能正常工作，脸色看起来也相对不错，那么医生可以非常肯定地判断，他在 3 天内不会死亡；但如果患者躺在床上，失去了意识，鼻唇沟（脸颊和鼻子间的褶皱）开始消失，那么他很可能会在几个小时或几天内死亡。

然而，这些症状并不是完全可靠的。呼吸不规则的患者仍然能在死亡边缘徘徊数周。此外，没有这些症状的患者也可能会突然去世。胡伊认为，即使是区分能正常行走的患者和昏迷患者的模型，对于那些处于中间地带的患者来说也没有多大帮助。这些患者约有 40% 的可能性会在接下来的 3 天内死亡，但这还不足以准确地预测具体的死亡日期。

胡伊表示，外界观察到的体征与患者经历的症状之间的区别也很重要。例如，陈－施呼吸综合征和呼吸困难可能都与死亡有关，但前者是一种体征，后者是一种症状。

症状是患者的体验，体征是医生观察到的现象

陈－施呼吸综合征是一种呼吸循环模式，以两位首次详述这种现象的医生的名字命名。患者的呼吸先是会变得更深、更急促，声音也越来越大；然后会变得更浅、更缓慢，直到完全停止。有时这会持续很长一段时间。接下来，这个模式重新启动。绝症患者很可能在离世前的几个小时或几天内出现陈－施呼吸综合征。不过，患有其他非晚期疾病的患者也可能出现这种呼吸循环模

式，在这种情况下，陈－施呼吸综合征就不是患者即将离世的迹象。

对于患者的家人来说，陈－施呼吸综合征和临终喉鸣一样，都看起来很痛苦。似乎患者的每一次呼吸都在挣扎，他们仿佛要因为缺氧而死。但对于患者来说，陈－施呼吸综合征并非如此。医学专家相当确定，这种症状不会给患者带来痛苦，甚至不会令患者感到困扰。陈－施呼吸综合征通常会使呼吸变得非常缓慢。坎贝尔说："患者呼吸得越慢，感到痛苦的可能性就越低。急促的呼吸往往伴随着痛苦，而缓慢的呼吸则不然。"而且，患者在出现陈－施呼吸综合征时几乎处于昏迷状态。

相反，呼吸困难是一种主观体验。人们又把它叫作"气短"或"呼吸急促"。它既是一种呼吸困难的感觉，也是一种表明患者接近死亡的症状。不过，并不是所有出现这种情况的人都会死亡。胡伊将这种感觉描述为"我的体内没有足够的空气"。

杜兰戈市的内科医生马克·约翰逊表示，尽管呼吸困难的程度各不相同，但都会令人感到不适。"如果你有过在水下无法呼吸的经历，就能很好地理解——二者是同样的感觉。"呼吸困难可以治疗，最常用的是阿片类药物。此外，还有一些有效的方法，比如，抬高患者头部，训练患者控制自己的呼吸，或者简单地通过开窗通风、打开电扇来增加空气流动。

呼吸困难可能由几种不同现象中的任何一种引起，而焦虑会加重患者的病情。因为患者的呼吸道和肺部可能存在障碍或受损，所以他们必须更加努力地呼吸。由于疾病或衰老，他们的呼吸肌或心脏可能会逐渐衰弱。患者的神经系统可能受损，以致呼吸动力减弱。

只有患者才能说出他们是否感到呼吸困难。因此，只有清醒的患者才能体验到这种感觉。不过，患者也可能是有意识的，只是不能做出回应。坎贝尔说："大多数人在快要离世的时候并不能完整地告诉我们当时的体验。"患者也在出现呼吸困难后，有时可能得不到治疗。忙碌的护士很难随时询问患者的身体状况，如果没有照顾临终患者的丰富经验，很容易就会忽视这些症状。坎贝尔有时会在临床工作中主动去观察那些无法交流的呼吸困难患者，即便她已经给这些患者留好了治疗说明。她说："我会找到护士，然后告诉她'你负责的患者有呼吸困难'。'真的吗？'护士通常会这样回答。"

弄清患者的真实体验

作为一个研究人员，坎贝尔对目击者认为的患者体验和患者真实感受之间的差异非常感兴趣，这正是她第一次研究临终喉鸣的原因。"多年来，我一直在照顾那些快要离世的人，有些人会发出声响，而有些人则不会，"她说，"随着时间的推移，我发现患者在发出声响时似乎没有任何痛苦。"

35%~50%的患者在离世前的最后一两天里会出现临终喉鸣。这是因为患者太过虚弱或者已经失去了知觉，从而无法清除喉咙后部的分泌物。患者在发出临终喉鸣时没有表现出任何不适的迹象，因此，坎贝尔推断他们并没有感到痛苦，而大多数医护人员都有同样的看法。令她惊讶的是，医生仍在继续使用药物来治疗临终喉鸣，而这些药物可能引发潜在的不良反应，比如口干、尿潴留和意识错乱。

坎贝尔决定进行一项研究，比较发出临终喉鸣的患者和不发出临终喉鸣的患者之间的差异，并记录下来。基于对70位患者的研究，她最终得出了结论：临终喉鸣不会令患者感到不适或疼痛，但会影响家属或医护人员。"我们也许不得不承认，死亡可能是一种混乱的体验，具有失禁、特殊的气味、嘈杂的呼吸等特征，"坎贝尔写道，"人们并没有消极地看待出生时的混乱、噪声和吵闹，这些现象其实被正常化了。我们必须用药物'清洁'死亡过程中可能出现的一切声响吗？"

这种情况对于那些不能吐露自己的痛苦的患者来说更糟。坎贝尔指出，具有临终护理经验的人通常能够判断患者是否呼吸困难，即使患者不能言语。患者可以使用辅助呼吸肌来代替膈肌呼吸。他们的喉咙有时会发出咕噜声，有时会发出其他反常的呼吸声。"当你进行正常的静息呼吸时，你的胸部和腹部是同时朝着一个方向移动的，"坎贝尔解释说，"但对于呼吸困难的人来说，这是一个矛盾的过程。当他们的胸部向外移动时，腹部却向内移动，反之亦然。"

辨识这些代表不适的迹象不仅需要经验，还需要时间去仔细地观察。在医院的忙碌氛围中，二者可能都不存在。因此，坎贝尔针对那些无法言语的呼吸困难患者，设计了一个测量患者呼吸窘迫程度的量表——呼吸窘迫度量表（RDOS）。目前采用该量表的临终关怀机构越来越多，这样做能为更多的患者提供帮助。

呼吸困难、陈 – 施呼吸综合征和临终喉鸣都是患者在日常生活中经历的一小部分挣扎，这些挣扎通常被认为是理所当然的。胡伊说："我们甚至不需要考虑呼吸，因为它是一项基本功能。我们的原始大脑（脑干）控制着这项功能。"

生命最后日子里的痛苦

坎贝尔设计的呼吸窘迫度量表能够对那些丧失交流能力的患者的呼吸窘迫程度进行测量。同样，其他研究人员也在设计类似的量表，以测量这些患者的疼痛程度。坎贝尔说："疼痛比较容易察觉，因为它会表现在脸上，形成痛苦的表情。"如果没有那些不必要的侵入性手术，大多数临终患者在最后的时刻似乎都是舒适的。"如果我们让患者自然死亡，那么，他们在最后的时刻很可能会感到舒适。"

桑德斯发现，疼痛在一个人的生命结束之时似乎会消失。她认为，真实的死亡过程"总是无痛而平静的"。"在离世前的几个小时或几天里，精神和肉体上的疼痛通常会减轻。"桑德斯解释道。

根据 2005 年威廉·普朗克和罗伯特·阿诺德对相关研究的回顾，大量的研究成果都支持桑德斯的专业观点。普朗克和阿诺德引用的一项研究发现，对于那些在家里离世的患者而言，疼痛在最后一个月达到顶峰。原因可能是酮症、尿毒症、身体耗尽葡萄糖储备后引发的不良反应，或者是内啡肽在体内的累积。然而，没有研究能够确定疼痛在临终前减轻的真正原因。

1990 年，新西兰的一项研究表明，虽然大多数患者在死亡的那一刻都很平静，但我们要知道，临终前的几天可能是最折磨人的。在临终前的 48 小时里，36% 的患者会遭受疼痛、呼吸困难、不安、激动、失禁、恶心或呕吐等症状的折磨；另外 64% 的患者则会平静下来。在即将死亡的时候，患者变得平静的概率上升到了 91.5%。研究人员警告道："患者的确会平静地离开，但最后的日子对患者、家属和医护人员来说都很难熬。"

研究人员得出结论，患者在临终前几天出现的很多症状都是由多器官衰竭引起的代谢紊乱造成的。当患者进入生命的最后几个小时或几天时，他们身体的所有系统都开始瓦解。

胡伊说："如果你仔细考虑患者在临终前的几个小时或几天里发生了什么，就会发现主要是神经认知功能的丧失。"当大脑开始衰竭时，这种衰竭会影响身体的其他系统。

身体瓦解的方式

哈伦贝克指出，我们的器官通常不会一个接一个地死去。相反，身体瓦解是一个"类似有机"的过程。他说："除了突然死亡之外，这一过程涉及我们身体里的许多平衡机制的瓦解——它们是不可见且察觉不到的，甚至对医生来说也是如此。"

例如，当你的呼吸系统功能正常时，二氧化碳的含量会刺激它，让它自动调节以适应不同的情况。当你体内的二氧化碳含量上升时，你的身体就会做出加快呼吸的反应；当你体内的二氧化碳含量下降时，你的呼吸就会减慢。但当你的大脑开始衰竭时，它就会放弃充当维持这种平衡的角色，这时你的呼吸系统会反应过度。当二氧化碳含量上升时，你会加快呼吸；当二氧化碳含量下降时，你会有几秒钟完全停止呼吸。哈伦贝克说，这就是陈－施呼吸综合征。

哈伦贝克又举了一个例子。当你健康时，毛细血管会自动释放适量的血液进入组织。很多人都不会考虑这个过程，但它实际上相当复杂。"你想让一些血液流过，但不能太多，"他说，"如果血流过多，血压就会消失；如果血流不足，组织就会坏死。"当人们濒临死亡时，这种系统性的活动就会运转失常。医生可以通过患者腿部或上臂出现的斑块得出结论。这些斑块大部分呈现红色，略带一点蓝白色，与皮肤因缺氧而呈现的蓝色发绀症状不同。这些斑块是由毛细血管压力不平衡造成的，通常意味着患者即将死亡。

当人们濒临死亡时，身体将不再受自主控制。虽然这种经历对于每位临终患者来说都是独一无二的，但很多人都有相同的模式和症状。

与外界断开联系

虽然有些人在临终前仍有意识，但大多数人这时就已经与外界断开了联系。胡伊说："我不知道是否有像开关那样的特别的东西。那些仍能说话的人是如何进入生命的最后时光的呢？这一点我们还不太理解。"

哈伦贝克在《姑息治疗展望》一书中指出，患者似乎按照一定的顺序失去了他们的感觉和欲望，"先是饥饿，然后是口渴"。

当然，这与那些有意识地选择停止饮食以早日离世的患者不同。健康人常常担心，如果他们在临终前停止饮食，就会遭受饥饿和口渴的折磨。事实可不是这样。罗西尼奥尔认为，人们在死亡过程中会很自然地丧失口腹之欲。一项针对癌症晚期患者的研究发现，大多数人在停止饮食后根本没有饥饿感，而对于少数感到饥饿的人来说，这种感觉很快就会消失。

与脱水有关的感觉（如头痛、不适、口渴、恶心和痉挛）通常出现在健康人身上，而绝症患者的体验不一定相同。濒死之人往往会感到口干舌燥，无论他们是否真的脱水，似乎都有同样的感受。家人和其他看护者有时会强迫患者吃东西，但罗西尼奥尔想阻止这种做法。"食物会让患者感到腹胀，导致腹泻和恶心，而液体也会让他们感到腹胀、呼吸困难，"她说，"因此，我们不会在这些事情上帮他们。"静脉注射等人为提供营养的方式并不能延长患者的寿命或减轻他们的痛苦。

有时，临终患者在停止饮食后会对特殊的食物或饮料产生渴望。"曾有一位患者就想喝点咖啡，"罗西尼奥尔说，"但他不能吞咽，不能吃东西。护士只好拿了一个小小的滴管，将咖啡滴在他的舌头上。他只说了声'哦'，然后就闭眼离世了。"

当饥渴的感觉消失后，患者接下来就会丧失言语和视觉功能。即使患者在这个时候还有意识，也开始与外界断开联系了。一项研究表明，患者参与复杂交流的能力在临终前的 24 小时里会下降到原来的 15%。

哈伦贝克说："最后丧失的感觉往往是听觉和触觉。"这与许多临终关怀和姑息治疗工作者的说法相呼应。

研究人员如何确定这些感觉是最后丧失的呢？伯纳特认为，这个问题体现了我们对死亡的认识的局限性。因为患者通常是闭着眼睛离世，所以我们很难知道他们是否能看见东西。但是，患者的耳朵是张开的。由此可见，听觉可能是他们最后丧失的感觉这一推断具有一定道理。

我们需要知道，任何感觉的形成都涉及两部分功能：一部分是感觉器官接收外界信息，另一部分是大脑对感知信息的处理。当你的眼睛功能正常时，它会向枕叶发送信号，此时大脑皮质会将这些信号转化为你实际看到的东西。虽然眼睛在你快要离世的时候仍能正常工作，但你的枕叶可能会严重受损，无法将信号转化为视觉。耳朵也是如此：声音穿过内耳，通过脑神经传到大脑，然后传到颞叶。当你死亡时，感觉器官比大多数脑细胞更能抵抗化学物质的分解。伯纳特指出，因为脑细胞更加敏感，所以你的视网膜或耳蜗很可能在大脑的相关部分停止处理这些信息后还能工作。

伯纳特对待那些看起来无意识的患者时，会把他们当成有意识和有听力的患者，而大多数照顾临终患者的医护人员都是如此。他说："我们应该保持谦虚，并假设他们听到的声音和理解的事情比我们想象的还要多。"

有时，那些已经昏迷数天或数周的人会在临终前醒来。

回光返照

患者在临终前醒来的情况非常普遍，这种现象又被称作"回光返照"。伯纳特说："这种清醒时刻通常发生在死亡过程中。患者会突然以一种非常清醒的方式交谈，而家人认为他们已经永远丧失的某些能力会奇迹般地重新出现。这看起来非常惊人。"

"这是最糟糕的事，"格兰特说，"患者是清醒的，他们就在那里，有时会与身边人进行非常有意义的对话，然后第二天就死了。这真的很神秘。"

伯纳特曾治疗过一些同时患有致命性脑出血和其他严重疾病的患者。严重的病情促使家属决定停止治疗。一些患者会在停止输液后陷入深度昏迷。然后，他们会在一两天后突然睁开眼睛。

伯纳特认为，这是由于脱水减轻了大脑肿胀程度，反而降低了导致昏迷的脑压。

格兰特知道，这种突然的清醒并不意味着临终患者的病情正在好转。她说："这通常意味着一些重大的变化即将到来。"每当这种情况发生时，格兰特会告诉家属，"请享受当下的每分每秒，因为这种状态可能不会持续很久，可能意味着死亡的开始"。回光返照的状态有时会持续几分钟到几个小时，但通常都很短暂。最终，没有人知道患者在大脑逐渐停止工作时经历了什么。不过，这里有一条线索：从具有濒死体验的人手中得到一手资料。

濒死之人的描述为了解生命最后的体验提供了线索

这些元素在濒死体验中很常见：感觉灵魂出窍，穿过一段黑暗的隧道，看到明亮的光，产生比真实生活更真实的体验感，等等。研究濒死体验的神经学教授凯文·纳尔逊表示，这些濒死体验并没有提供关于来世的科学证据。而没有接近过死亡的人也会有同样的描述，比如，离心机里的飞行员经常会有灵魂出窍的感觉，就像很多人晕倒一样。

但纳尔逊相信，这些体验的确提供了关键的见解。他说："我认为，对濒死大脑最好的了解源于那些离死亡很近但最终幸存下来的人。"许多关于濒死体验的记录都是由心搏骤停的幸存者提供的；他们虽然没有真正死去，但比任何活着的人更接近死亡。一些证据表明，至少有少数濒死之人会出现这些现象。

纳尔逊认为，濒死体验有一系列丰富的现象，而且有多种原因。他说："许多人都在寻找一种解释。其实它是由诸多事情造成的。"

例如，霍夫达认为大脑退化的一种表现是看到亮光，这也是濒死体验的一种现象。这种体验与健康大脑的工作方式有关。霍夫达解释说："大部分的精神活动是通过抑制而不是兴奋来完成的。"也就是说，你的大脑要花费大量的时间和精力去控制那些不恰当的冲动和反应。

但是，大脑在开始衰竭后就不能执行这些抑制工作了。"当大脑开始改变并逐渐死亡时，一些部位会变得兴奋，而视觉系统就是其中之一，"霍夫达说，"这就是人们看到亮光的原因。"

无论受到怎样的刺激，大脑的视觉系统都会做出反应。霍夫达说："如果我把手指按在你的眼睛上——这对你来说并不舒服——你就会看到光。因为视网膜中的纤维对光有反应，所以它们被激活时就会告诉大脑那里有光，即便是我用手指按你的眼睛。"

最新的研究表明，一些人报道的比真实生活更真实的体验感似乎与我们知道的大脑对死亡的反应相吻合。博尔吉金说，她以前对研究死亡并不是特别感兴趣，直到她在其他实验中发现动物大脑有一些奇怪的变化：在动物死亡之前，它们大脑中的某种化学物质会突然激增。尽管科学家已经知道人死后大脑神经元会继续活动，但这是不同的。这些神经元正在分泌新的化学物质，而且数量很大。

博尔吉金深入研究了关于濒死体验的文献。"我注意到，许多心搏骤停幸存者描述说，大脑在他们无意识的阶段会有这种奇妙的体验，"她说，"他们会看到光，会感到这种体验'比真实生活更真实'。"她意识到某种化学物质的突然释放可能有助于解释这种比真实生活更真实的体验感。

博尔吉金和她的研究团队做了一个实验：他们麻醉了 8 只大鼠，然后停止了它们的心跳。她说："突然间，这些大鼠的大脑的所有部位都变得同步了——它们在同步发射脑电波。"经过进一步分析，研究人员测量到了一个特定的频率——伽马频率，并发现它在 25 赫兹以上。"这真的很紧张，"她解释道，"大脑处于高度警戒状态，对缺氧非常警觉。"

大鼠的大脑在不同频率的波中表现出了更高的能量和一致性，其大脑的不同部位同时出现了脑电波。

博尔吉金说："当你集中注意力做一些事情时，比如，努力想一个单词或者记住一张脸，这些特征会在你进行高水平的认知活动时变得更加明显。它们是研究清醒者的意识时常用的参数。因此，当你处于警觉或亢奋状态时，同样的参数也会出现在濒死的大脑中。事实的确如此。"

研究结果与濒死体验的有关报告相吻合。她解释道："如果我睡着后分泌的某种化学物质的水平突然比白天高出 10~20 倍，那么，我在醒来时可能会产生比真实生活更真实的体验感。"

然而，濒死体验是个人的内在体验。博尔吉金说："即使你经历了完全相同的濒死过程，也不可能重现别人的濒死体验。"

最后几分钟

和照顾我母亲的临终关怀护士一样，哈伦贝克有时也会问患者是否想知道自己在走向死亡的过程中可能经历些什么。他表示，虽然患者往往会对他所要说的话感到紧张，但大多数人都想知道。

他说："人们通常会在感到疲惫和虚弱的时候去睡觉。我只能说，这有点像要睡觉了。"入睡的方式因人而异：有些人会严重失眠，有些人会马上入睡。从这个意义上来讲，他觉得死亡和睡觉相似。但他认为，这种体验看起来并不可怕。

在离世前的最后几个小时里，当患者停止饮食、失去视力后，大多数人会闭上眼睛，看起来就像是睡着了一样。"从这一点来看，死亡是非常神秘的，我们只能推断实际上发生了什么，"哈伦贝克说，"我觉得这是一种类似做梦的状态，而不是许多家属和临床医生所认为的昏迷或无意识状态。"

哈伦贝克在给我的信中写道："我经常把死亡比作黑洞。我们可以看到黑洞的影响，但要观察它的内部，即使不是不可能的，也是极其困难的。人们越靠近它，它的引力就越大。当一个人通过'事件视界'时，物理定律显然会发生改变。"研究人员和医生可以检查临终患者的症状和行为，估计或者猜测他们的生理感受乃至意识感受。但随着患者离死亡越来越近，医生想要确定他们正在经历什么也会变得越来越难。

坎贝尔说："这就像一个巨大而黑暗的洞，我们并不知道那段时间发生了什么。"

一个黑洞，一个暗盒，一个未知域。

人们可能永远无法完全了解离世前最后几天或几秒的身体体验，很难确定患者进入梦境或开始死亡的确切时间。"这就像一场即将来临的风暴，"哈伦贝克说，"海浪不断涌来，但你永远无法说出海浪是从什么时候开始出现的。我不知道。它的源头是一个涟漪吗？是那个 2 英尺（约 60 厘米）高的海浪吗？"

"海浪越来越高，最终把人带到了海里。"

尾 声

我不记得临终关怀护士帕特·阿姆托尔在向我们解释母亲会如何走向死亡时说过的原话了，为此，我咨询了帕特、阿彭策勒、格兰特、罗西尼奥尔和卡拉汉。我想知道他们会对临终患者说些什么，特别是对乳腺癌晚期患者。这些患者想知道自己在最后的日子里将会有什么样的感觉。

以下是对他们讲述内容的汇编。

每个人的死亡都不一样。我把它和女性分娩做比较，死亡也是一样：它对每个人而言都不一样。没有教科书，那些指南也仅仅是指南。

当你的身体开始衰竭时，器官也开始衰竭：肺停止工作，心脏不再跳动，肾脏不能有效地排出毒素。任何器官的功能丧失都会影响整个身体系统。如果肾脏不能正常工作，毒素就会积累并影响大脑。如果心脏不能正常跳动，大脑就无法得到足够的氧气。如果大脑不能正常运作，身体的其他部分就得不到指挥。作为护士或医生的我们会看到，"天哪，你的脚上有斑点，这说明脚部供血不足，血液循环不好"。你的双手不再呈现粉色，而是会变成灰色。你也会变得更加苍白。

你将失去食欲，停止饮食。这是死亡过程中非常正常的一部分变化。然后过了几天，由于身体缺乏水分，肾脏开始衰竭，但你通常没有感觉。身体知道怎么死亡。我们试图劝告家属不要强迫你吃东西。在某种程度上，食物会令你感到腹胀、腹泻和恶心；液体也会令你感到腹胀和呼吸困难。让一切顺其自然，我们会应对好这些症状。

你可能会感到疲惫和困倦，与人交流的欲望也会减弱。你不再对来访者感兴趣，与家人的互动也会减少。谁进来了，窗外发生了什么——甚至连这些周围发生的事情也不能唤起你的兴趣。你的大脑正在停止工作。

死亡是一个正常的自然过程。但我认为，它对人们来说并不总是那么舒适。我在照顾患者时会向他们保证，我能预见并控制这些症状。预见、预防或减少痛苦——这就是我们的工作，也是临终关怀出现的原因。有时你会感到疼痛加剧，这是疾病扩散的表现。你可能还会有其他症状，比如呼吸困难。这种症状是一种非常不舒服的感觉，就像无法得到足够的空气，但治疗可以改善你的呼吸状况。

如果你患有心脏病，就极有可能因为心脏不能泵出足够的血液而出现吞咽困难。因为你不能通过服用利尿剂来加大排尿量，所以你的身体可能有些浮肿。你的肺部会充满液体，因为你不能自主处理分泌物，所以我们会给你服用药物来把这些东西排干。此时你的喉咙会放松，然后发出咯咯的声音。其实你没那么不舒服，但看到你的人都会觉得你很不舒服。

随着体内器官的不断衰竭，你可能会越来越深地陷入无意识状态。这是一个正常过程。你可能会意识到接下来将发生什么。你可能会出现临终焦虑：试图从床上爬起来，猛拍东西，来回踱步。焦虑的表现根据年龄的不同而不同，但你就是觉得不舒服，好像脱离了自己的身体。当我们给你用药时，我们想做的就是让你感到放松。你会对正在发生的事情感到舒适，因为这很自然。死亡是一个自然的过程。

痛苦似乎在离世前的最后几个小时里消失了。对于大多数人来说，这几个小时是平静的。

身体知道如何死亡。

参考文献

Alici, Y., & Breitbart, W. (2009, May). Delirium in palliative care. *Primary Psychiatry, 16*(5): 42–48.

Aragon, K., Covinsky, K., Miao, Y., Boscardin, W.J., Flint, L., & Smith, A.K. (2012, November 12). Use of the Medicare posthospitalization skilled nursing benefit in the last 6 months of life. *Archives of Internal Medicine, 172*(20): 1573–1579.

Barskova, T., & Oesterreich, R. (2009). Post-traumatic growth in people living with a serious medical condition and its relations to physical and mental health: A systematic review. *Disability and Rehabilitation, 31*(21): 1709 –1733.

Baxter, A. (2017, October 8). What hospice care looks like in America. *Home Health Care News*. Retrieved March 6, 2018, from homehealthcarenews.com/2017/10/what-hospice-care-looks-like-in-america.

Bekelman, J., Halpern, S.D., Blankart, C.R., Bynum, J.P., Cohen, J., Fowler, R., ... & Emanuel, E.J. (2016, January 19). Comparison of site of death, health care utilization, and hospital expenditures for patients dying with cancer in 7 developed countries. *Journal of the American Medical Association, 315*(3): 272–283.

Blinderman, C. D., & Cherny, N. I. (2005). Existential issues do not necessarily result in existential suffering: Lessons from cancer patients in Israel. *Palliative Medicine, 19*: 371–380.

Boly, M., Faymonville, M.E., Schnakers, C., Peigneux, P., Lambermont, B., Phillips, C., . . . & Laureys, S. (2008, November). Perception of pain in the minimally conscious state with PET activation: An observational study. *The Lancet Neurology* (11): 1013–1020.

Breitbart, W., Gibson, C., & Tremblay, A. (2002, May–June). The delirium experience: Delirium recall and delirium-related distress in hospitalized patients with cancer, their spouses/caregivers, and their nurses. *Psychosomatics, 43*(3): 183–194.

Byock, I. (1995, March/April). Patient refusal of nutrition and hydration: Walking the ever-finer line. *American Journal of Hospice & Palliative Care*: 8–13.

——— . (1996). The nature of suffering and the nature of opportunity at the end of life. *Clinics in Geriatric Medicine, 12*(2): 237–252.

—— . (1997). *Dying well: Peace and possibilities at the end of life.* New York: Riverhead Books.

—— . (2004, 2014). *The four things that matter most: A book about living.* New York: Atria Books.

—— . (2008). Personal growth and human development in life-threatening conditions: Therapeutic insights and strategies derived from positive experiences of individuals and families. In H. Chochinov & W. Breitbart (Eds.), *Handbook of Psychiatry in Palliative Medicine* (pp. 281– 299). Oxford: Oxford University Press.

Calhoun, L.G., & Tedeschi, R.G. (2004). The foundations of posttraumatic growth: New considerations. *Psychological Inquiry, 15*(1): 93–102.

—— . (2013). *Posttraumatic growth in clinical practice.* New York: Routledge.

Campbell, M.L., & Yarandi, H.N. (2013). Death rattle is not associated with patient respiratory distress: Is pharmacologic treatment indicated? *Journal of Palliative Medicine, 16*(10): 1255–1259.

Cassell, E.J. (1982, March 18). The nature of suffering and the goals of medicine. *The New England Journal of Medicine, 306*(11): 639–645.

—— . (1991, 2004). *The nature of suffering and the goals of medicine.* New York: Oxford University Press.

Centers for Disease Control and Prevention. National Center for Health Statistics. Underlying cause of death 1999–2016 on CDC WONDER Online Database, released December 2017.

Christakis, N.A., & Lamont, E.B. (2000, February 19). Extent and determinants of error in doctors' prognoses in terminally ill patients: A prospective cohort study. *The BMJ, 320*(7233): 469–473.

Clark, D. (Ed.). (2002). *Cicely Saunders: Founder of the Hospice Movement, Selected Letters 1959-1999.* New York: Oxford University Press.

—— . (2006). *Cicely Saunders: Selected writings 1958-2004.* Oxford, UK: Oxford University Press.

Clemons, M., Regnard, C., & Appleton, T. (1996). Alertness, cognition and morphine in patients with advanced cancer. *Cancer Treatment Reviews, 22*: 451–468.

Coleman, M.R., Rodd, J.M., Davis, M.H., Johnsrude, I.S., Menon, D.K., Pickard, J.D., & Owen, A.M. (2007). Do vegetative patients retain aspects of language comprehension? Evidence from fMRI. *Brain, 130*: 2494– 2507.

Coyle, N. (2004). The existential slap—A crisis of disclosure. *International Journal of Palliative Nursing, 10*(11): 520.

——— . (2004, April). In their own words: Seven advanced cancer patients describe their experience with pain and the use of opioid drugs. *Journal of pain and symptom management, 27*(4): 300–309.

——— . (2006, September). The hard work of living in the face of death. *Journal of Pain and Symptom Management, 32*(3): 266–274.

De Graeff, A., & Dean, M. (2007). Palliative sedation therapy in the last weeks of life: A literature review and recommendations for standards. *Journal of Palliative Medicine, 10*(1): 67–85.

Eddy, D. (1994, July 20). A conversation with my mother. *Journal of the American Medical Association, 272*(3): 179 –181.

Ellershaw, J.E., Sutcliffe, J.M., & Saunders, C.M. (1995, April). Dehydration and the dying patient. *Journal of Pain and Symptom Management, 10*(3): 192–197.

Emanuel, E.J., Onwuteaka-Philpsen, B.D., Urwin, J.W., & Cohen, J. (2016). Attitudes and practices of euthanasia and physician-assisted suicide in the United States, Canada, and Europe. *Journal of the American Medical Association, 316*(1): 79–90.

Erikson, E.H. (1950, 1993). *Childhood and society.* New York: W.W. Norton.

Ferris, F, von Gunten, C., & Emanuel, L. (2003, August). Competency in end-of-life care: Last hours of life. *Journal of Palliative Medicine, 6*(4): 605–613.

Fine, R.L. (2007, January). Ethical and practical issues with opioids in life-limiting illness. *Proceedings of Baylor University Medical Center, 20*(1): 5–12.

Flemming, K. (2010, January). The use of morphine to treat cancer-related pain: A synthesis of quantitative and qualitative research. *Journal of Pain and Symptom Management, 39*(1): 139–154.

Flory, J., Young-Xu, Y., Gurol, I., Levinsky, N., Ash, A., & Emanuel, E. (2004, May). Place of death: U.S. trends since 1980. *Health Affairs, 23*(3): 194–200.

García-Rueda, N. Valcárcel, A.C., Saracíbar-Razquin, M.S., & Solabarrieta, M.A. (2016, April). The experience of living with advanced-stage cancer: A thematic synthesis of the literature.

European Journal of Cancer Care, 25: 551–569. doi: 10.1111/ ecc.12523.

Gawande, A. (2008, June 30). The itch: Its mysterious power may be a clue to a new theory about brains and bodies. *The New Yorker*. Retrieved September 8, 2017, from www.newyorker.com/ magazine/2008/06/30/the-itch.

Glare, P., Virik, K., Jones, M., Hudson, M., Eychmuller, S., Simes, J., & Christakis, N. (2003, July 26). A systematic review of physicians' survival predictions in terminally ill cancer patients. *The BMJ, 327*(7408): 195–198.

Glaser, B.G., & Strauss, A.L. (1968). *Time for dying* (2nd ed.). Chicago: Aldine Publishing.

Hallenbeck, J. (2003). *Palliative Care Perspectives*. New York: Oxford University Press.

——— . (2008, June/July). Access to end-of-life care venues. *American Journal of Hospice & Palliative Medicine, 25*(3): 245–249.

Howell, D., Fitch, M.I., & Deane, K.A. (2003). Impact of ovarian cancer perceived by women. *Cancer Nursing, 26*(1): 1–9.

IASP Terminology. (2017, December 14). In International Association for the Study of Pain. Retrieved April 29, 2018, from www.iasp-pain. org/Education/Content.aspx?ItemNumber=1698.

Jones, D.S., Podolsky, S.H., & Greene, J.A. (2012, June 21). The burden of disease and the changing task of medicine. *New England Journal of Medicine, 366.* doi: 10.1056 /NEJMp1113569.

Kamal, A., Taylor, D.H., Neely, B., Harker, M., Bhullar, P., Morris, J., . . . & Bull, J. (2017, October). One size does not fit all: Disease profiles of serious illness patients receiving specialty palliative care. *Journal of Pain and Symptom Management, 54*(4): 476–483.

Kendall, M., Carduff, E., Lloyd, A., Kimbell, B., Cavers, D., Buckingham, S., . . . & Murray, S.A. (2015, August). Different experiences and goals in different advanced diseases: Comparing serial interviews with patients with cancer, organ failure, or frailty and their family and professional careers. *Journal of Pain and Symptom Management, 50*(2): 216–224.

Kerr, C.W., Donnelly, J.P., Wright, S.T., Kuszczak, S.M., Banas, A., Grant, P.C., & Luczkiewicz, D.L. (2014). End-of-life dreams and visions: A longitudinal study of hospice patients' experiences. *Journal of Palliative Medicine, 17*(3): 296–303.

Kochanek, K.D., Murphy, S.L., Xu, J., & Arias, E. (2017, December). Mortality in the United States, 2016. *NCHS Data Brief, 293*: 1–8.

Kübler-Ross, E. (1969, 2003). *On death and dying: What the dying have to teach doctors, nurses, clergy and their own families.* New York: Scribner.

Kushner, H.S. (1981). *When bad things happen to good people.* New York: Anchor Books.

Kwoh, C.K., O'Connor, G.T., Regan-Smith, M.G., Olmstead, E.M., Brown, L.A., Burnett, J.B., . . . & Morgan, G.J. (1992). Concordance between clinician and patient assessment of physical and mental health status. *The Journal of Rheumatology, 19*(7): 1031–1037.

Lederle, F. (2017, December 5). Terminal. *Annals of Internal Medicine, 167*(11): 826–827.

Lee, V. (2008). The existential plight of cancer: Meaning making as a concrete approach to the intangible search for meaning. *Support Care Cancer, 16*: 779–785.

Levenson, J.W., McCarthy, E.P., Lynn J., Davis R.B., & Phillips, R.S. (2000, May). The last six months of life for patients with congestive heart failure. *Journal of the American Geriatrics Society, 48*(5 Suppl): S101–109.

Leveton, A. (1965). Time, death and the ego-chill. *Journal of*

Existentialism, 6(21): 69–80.

Lichter, I., & Hunt, E. (1990). The last 48 hours of life. *Journal of Palliative Care, 6*(4): 7–15.

Lunney, J.R., Lynn, J., Foley, D.J., Lipson, S., & Guralnik, J.M. (2003, May 14). Patterns of functional decline at the end of life. *Journal of the American Medical Association, 289*(18): 2387–2392.

Lunney, J.R., Lynn, J., & Hogan, C. (2002). Profiles of older Medicare decedents. *Journal of the American Geriatrics Society, 50*: 1108–1112.

Lynn, J. (2005). Living long in fragile health: The new demographics shape end of life care. *Hastings Center Report*, Nov.–Dec. Spec. No. S14–18.

—— . (2008, April 24). Reliable comfort and meaningfulness. *The BMJ, 336*: 958.

—— . (2017, Oct. 18). Traveling the valley of the shadow of death in 2017. *Health Affairs Blog, 36*(10): 1695–1854.

Mann, T. (1996, 1924). *The Magic Mountain*. New York: Vintage Books.

McCann, R.M., Hall, W.J., & Groth-Juncker, A.G. (1994, October 26). Comfort care for terminally ill patients: The appropriate use of nutrition and hydration. *Journal of the American Medical Association, 272*(16): 1263–1266.

Meldrum, M.L. (2003, November 12). A capsule history of pain management. *Journal of the American Medical Association, 290*(18): 2470–2475.

Missel, M., & Birkelund, R. (2011). Living with incurable oesophageal cancer: A phenomenological hermeneutical interpretation of patient stories. *European Journal of Oncology Nursing, 15*: 296–301.

Monti, M.M., Vanhaudenhuyse, A., Coleman, M.R., Boly, M., Pickard, J.D., Tshibanda, L., . . . & Laureys, S. (2010, February 10). Willful modulation of brain activity in disorders of consciousness. *New England Journal of Medicine, 362*(7): 579–589.

Morita, T., Ichiki, T., Tsunoda, J., Inoue, S., & Chihara, S. (1998, July/August). A prospective study on the dying process in terminally ill cancer patients. *The American Journal of Hospice & Palliative Care, 15*(4): 217–222.

Morita, T., Tei, Y., & Inoue, S. (2003, September). Impaired communication capacity and agitated delirium in the final week of terminally ill cancer patients: Prevalence and identification of research focus. *Journal of Pain and Symptom Management,* 26(3): 827–834.

Mount, B.M., Boston, P.H., & Cohen, S.R. (2007, April). Healing connections: On moving from suffering to a sense of well-being. *Journal of Pain and Symptom Management, 33*(4): 372–388.

Murray, K. (2011, November 30). How doctors die. *Zócalo Public Square*. Retrieved August 10, 2017, from www.zocalopublicsquare. org/2011/11/30/how-doctors-die/ideas /nexus.

Mystakidou, K., Tsilika, E., Parpa, E., Kyriakopoulos, D., Malamos, N., & Damigos, D. (2008). Personal growth and psychological distress in advanced breast cancer. *The Breast, 17*: 382–386.

Naro, A., Leo, A., Cannavò A., Buda, A., Bramanti, P., & Calabrò R.S. (2016, March). Do unresponsive wakefulness syndrome patients feel pain? Role of laser-evoked potential-induced gamma-band oscillations in detecting cortical pain processing. *Neuroscience, 317*: 141–148.

National Hospice and Palliative Care Organization. (2018, March). NHPCO facts and figures: Hospice care in America. Alexandria, VA. Retrieved February 8, 2017, from www.nhpco.org/sites/default/files/ public/Statistics_Research/2017_Facts_Figures.pdf.

National Institute on Drug Abuse. (2018, March). Opioid overdose crisis. Retrieved May 10, 2018, from www.drugabuse.gov/drugs-abuse/ opioids/opioid-overdose-crisis#one.

Nissim, R., Freeman, E., Lo, C., Zimmermann, C., Gagliese, L., Rydall, A., . . . & Rodin, G. (2011). Managing cancer and living meaningfully (CALM): A qualitative study of a brief individual psychotherapy for individuals with advanced cancer. *Palliative Medicine, 26*(5): 713–721.

Nissim, R., Rennie, D., Fleming, S., Hales, S., Gagliese, L., & Rodin, G. (2012). Goals set in the land of the living/dying: A longitudinal study of patients living with advanced cancer. *Death Studies, 36*: 360–390.

Nuland, S.B. (1993/1995). *How we die: Reflections on life's final chapter.* New York: Vintage Books.

Oregon Public Health Division, Center for Health Statistics. (2018, February 9). Oregon Death with Dignity Act: Data Summary 2017. p. 5. Retrieved May 17, 2018, from www.oregon.gov.

Owen, A. (2017). *Into the gray zone: A neuroscientist explores the border between life and death.* New York: Scribner.

Pattison, E.M. (1977). *The experience of dying.* Englewood Cliffs, NJ: Prentice Hall.

Perrin, F., Schnakers, C., Schabus, M., Degueldre, C., Goldman, S., Brédart, S., . . . & Laureys, S. (2006, April). Brain response to one's own name in vegetative state, minimally conscious state, and locked-in syndrome. *Archives of Neurology, 63*: 562–569.

Plonk, W.M., & Armold, R.M. (2005). Terminal care: The last weeks of life. *Journal of Palliative Medicine, 8*(5): 1042–1054.

Pollock, K. (2015, October). Is home always the best and preferred place of death? *The BMJ, 7*(351): 1–3.

Pritchard, R.S., Fisher, E., Teno, J.M., & Lynn, J. (1998, October). Influence of patient preferences and local health system characteristics on the place of death. *Journal of the American Geriatrics Society, 46*(10): 1242–1250.

Rabkin, J.G., Albert, S.M., Del Bene, M.L., O'Sullivan, I., Tider, T., Rowland, L.P., & Mitsumoto, H. (2005, September 13). Prevalence of depressive disorders and change over time in late-stage ALS. *Neurology, 65*(1): 62–67.

Remington, R., & Wakim, G. (2010, August 23). A comparison of hospice in the United States and the United Kingdom. *Journal of Gerontological Nursing, 36*(9): 16–21.

Romem, A., Tom, S.E., Beauchene, M., Babington, L., & Scharf, S.M. (2015). Pain management at the end of life: A comparative study of cancer, dementia, and chronic obstructive pulmonary disease patients.

Palliative Medicine, 29(5): 464–469.

Sacks, O. (2015, February 19). My own life. *New York Times*. Retrieved July 6, 2017, from www.nytimes.com.

Schulz, U., & Mohamed, N.E. (2004). Turning the tide: Benefit finding after cancer. *Social Science & Medicine, 59*: 653–662.

Schwarz, J. (2011). Death by voluntary dehydration: Suicide or the right to refuse a life-prolonging measure? *Widener Law Review, 17*(351): 351–361.

Singer, A.E., Meeker, D., Teno, J.M., Lynn, J., Lunney, J.R., & Lorenz, K.A. (2015). Symptom trends in the last year of life from 1998 to 2010: A cohort study. *Annals of Internal Medicine, 162*(3): 175–188.

Solano, J.P., Gomes, B., & Higginson, I.J. (2006, January). A comparison of symptom prevalence in far advanced cancer, AIDS, heart disease, chronic obstructive pulmonary disease and renal disease. *Journal of Pain and Symptom Management, 31*(1): 58–69.

Srivastava, R. (2017, May 1). Dying at home might sound preferable. But I've seen the reality. *The Guardian*.

Steinfels, P. (1996, November 15). Cardinal Bernardin dies at 68; Reconciling voice in church. *New York Times*.

Steinhauser, K.E., Arnold, R.M., Olsen, M.K., Lindquist, J., Hays, J., Wood, L.L., . . . & Tulsky, J.A. (2011, September). Comparing three life-limiting diseases: Does diagnosis matter or is sick, sick? *Journal of Pain and Symptom Management, 42*(3): 331–341.

Sullivan, A.D., Hedberg, K., & Fleming, D.W. (2000, February 24). Legalized physician-assisted suicide in Oregon—The second year. *New England Journal of Medicine, 342*: 598–604.

Tang, S.T. (2003). When death is imminent: Where terminally ill patients with cancer prefer to die and why. *Cancer Nursing, 26*(3): 245–251.

Taylor, E.J. (2000). Transformation of tragedy among women surviving breast cancer. *Oncology Nursing Forum, 27*(5): 781–788.

Tedeschi, R., & Calhoun, L. (2004). Posttraumatic growth: Conceptual foundations and empirical evidence. *Psychological Inquiry, 15*(1): 1–18.

Tempelaar, R., De Haes, J.C., De Ruiter, J.H., Bakker, D., Van Den Heuvel, W.J., & Van Nieuwenhuijzen, M.G. (1989). The social experiences of cancer under treatment: A comparative study. *Social Science Medicine, 29*(5): 635–642.

Teno, J.M., Clarridge, B.R., Casey, V., Welch, L.C., Wetle, T., Shield, R., &

Mor, V. (2004, January 7). Family perspectives on end-of-life care at the last place of care. *Journal of the American Medical Association, 291*(1): 88–93.

Teno, J.M., Freedman, V.A., Kasper, J.D., Gozalo, P. & Mor, V. (2015). Is care for the dying improving in the United States? *Journal of Palliative Medicine, 1*(8): 662–666.

Teno, J.M., Gozalo, P.L., Bynum, J.P.W., Leland, N.E., Miller, S.C., Morden, N.E., . . . & Mor, V. (2013, February 6). Change in end-of-life care for Medicare beneficiaries: Site of death, place of care, and health care transitions in 2000, 2005, and 2009. *Journal of the American Medical Association, 309*(5): 470–477.

Teno, J.M., Weitzen, S., Fennell, M.L., & Mor, V. (2001). Dying trajectory in the last year of life: Does cancer trajectory fit other diseases? *Journal of Palliative Medicine, 4*(4): 457–464.

Thomas, C., Morris, S.M., & Clark, D. (2004). Place of death: Preferences among cancer patients and their carers. *Social Science & Medicine, 58*: 2431–2444.

Weisman, A. (1972). *On dying and denying*. New York: Behavioral Publications.

Weisman, A., & Worden, J.W. (1976). The existential plight in cancer: Significance of the first 100 days. *International Journal of Psychiatry in Medicine, 7*(1): 1–15.

Weiss, S.C., Emanuel, L.L., Fairclough, D.L., & Emanuel, E.J. (2001, April 28). Understanding the experience of pain in terminally ill patients. *The Lancet, 357*: 1311–1314.

Widows, M.R., Jacobsen, P.B., Booth-Jones, M., & Fields, K.K. (2005). Predictors of posttraumatic growth following bone marrow transplantation for cancer. *Health Psychology, 24*(3): 266–273.

Winter, S.M. (2000, December 15). Terminal nutrition: Framing the debate for the withdrawal of nutritional support in terminally ill patients. *The American Journal of Medicine, 109*: 723–726.

Wrubel, J., Acree, M., Goodman S., & Folkman, S. (2009, December). End of living: Maintaining a lifeworld during terminal illness. *Psychology and Health, 24*(10): 1229–1243.

致　谢

　　一些照顾临终患者的工作人员告诉我，他们不再惧怕自己的死亡。我不确定自己是不是这样，但我知道，我在快死的时候可以信任这些专业人士。他们是一个非常有爱心的团体。

　　临终关怀项目的每个阶段都有人怀着信念去帮助患者。

　　感谢临终关怀护士帕特·阿姆托尔，感谢她多年前将我母亲的死亡过程坦诚相告。感谢大卫·胡伊，他是我首批采访的人之一，感谢他的耐心。感谢玛格丽特·坎贝尔，当我开始做研究时，她给了我很大的鼓励。感谢麦吉尔大学的弗吉尼亚·李、塞丽娜·热利纳、大卫·霍夫达和尼萨·科伊尔，所有这些优秀学者的关心和细致令人深受鼓舞。

　　感谢《大西洋月刊》的保罗·比塞格里奥，他很早就意识到了这个主题的重要性，而且他的编辑技巧一贯娴熟。感谢我的经纪人简·迪斯特尔和她的助理米里亚姆·戈德里奇，如果没有他们，这本书可能就不会出版。感谢肯辛顿的丹尼丝·西尔韦斯特罗的高超编辑。

感谢法龙·斯科特，他是我写作和出版道路上的第一位引路人。我将永远感激我们的友谊。

感谢马克·约翰逊，他曾在妻子临终时慷慨地与我交谈。

感谢琼·特诺和乔安妮·琳恩，她们研究的死亡轨迹帮助了成千上万的人。

感谢詹姆斯·哈伦贝克和朗尼·沙维尔森，他们每天都留出大量时间向我解释他们的工作。感谢斯科特·波多尔斯基和大卫·琼斯，他们都展现出了一种令人愉悦的求知热情。

感谢加里·罗丁、哈维·乔奇诺夫和詹姆斯·伯纳特，他们花费了大量的时间和精力来为我解释他们的研究。感谢凯文·纳尔逊，他在百忙之中提前离开会议，耐心地回答我的问题。

感谢艾拉·比奥格，他写了与死亡相关的精彩书籍。感谢他所花费的时间，感谢他的专业知识。

感谢彼得·罗加茨、劳里·伦纳德、弗雷德·施瓦茨、朱迪思·舒瓦茨、休·德萨尔·波特、特里·劳和芭芭拉·萨拉，他们帮濒死之人做了很多事。

感谢哈佛大学的埃默里·布朗和美国国立卫生研究院的杰里米·布朗。

感谢高级护理联盟的玛丽安·格兰特和尼克·马丁。

感谢仁爱临终关怀中心的工作人员，他们对我和患者都非常亲切。他们不仅欢迎我参加会议，还有几个人——米歇尔·阿彭策勒、克里斯特尔·哈里斯、肖恩·凯利、安妮·罗西尼奥尔和德布·卡拉汉——认真接受了我的采访，对我提出的大量问题知无不言。其他工作人员也给我提供了一些额外的支持和建议，包括埃丽卡·凯利、米科·凯钦、谢莉·盖耶特和雪莉·凯顿。

感谢那些接受临终关怀的患者，他们经常以自己为例来教育我。有些人会坦诚地告诉我，他们在面对死亡时有多么沮丧和痛苦；有些人会直面眼前的挑战；有些人则会安静地忍受痛苦，甚至展现出一种快乐或平静的感觉。

当我完成本书的编辑工作时，位于旧金山市的禅宗临终关怀安养院关闭了。这标志着一个对濒死之人提供特殊援助的时代的结束。我很高兴见证了这里每位工作者的无私奉献精神。感谢前志愿者协调员罗伊·雷默，当我突然打电话要求参加培训并在安养院做志愿者时，他没有反对。感谢主厨玛丽·埃伦·柯克帕特里克，她允许我在她家住了一段时间，而且她的佛教修行帮助我们打造了一个宁静而有序的厨房。感谢其他志愿者和工作人员，他们让我感到在那里很受欢迎。感谢旧金山禅修中心，每当我在安养院做志愿者的时候，它都会为我提供一个方便而又安静的住所，而且那里还住着很多善良有趣的人。

感谢弗兰克·莱德勒，他给我寄了一份随笔，里面记录了他身患绝症的体验。感谢很多患者，他们在不知不觉中教给我很多东西。

感谢卡罗琳·阿伦，她对本书几个重要章节的早期编辑提出了非常有用的建议。感谢克里斯·古尔德，他倾听了我的心声，并给了我很多积极的鼓励。感谢西德尼和米奇·迪翁，当我在星空下或野营中大声朗读草稿时，他们认真倾听，并提出了不同的想法和温和的评论。感谢朱恩·坦纳，当我初次见到她时，她还是一位临终关怀患者，现在她已经成为我的朋友。

感谢沃尔特、伊丽莎白、布莱恩、杰奎琳、特里斯坦和卡伦，他们总是给予我支持和鼓励，无论我的努力有时看起来是多么疯狂。

最后，我祝愿所有作家都有一位像汤姆·巴特尔斯这样的拥护者。他是我的第一位读者，也是最好的读者。